火电厂湿法烟气脱硫系统检修与维护培训教材

检修标准化管理

国能龙源环保有限公司　编

中国电力出版社
CHINA ELECTRIC POWER PRESS

内 容 提 要

本书根据国能龙源环保有限公司（简称龙源环保）特许运维板块 30 余家石灰石－石膏湿法烟气脱硫系统运维项目的维护与检修经验，以石灰石－石膏湿法脱硫相关理论、实践和经验为基础，结合生产实际需要，对脱硫系统的检修与维护标准化管理进行了全面介绍和阐述。

本书共分为四章，第一章针对我国燃煤电厂烟气脱硫现状、标准化管理实施的必要性以及第三方治理创新运营模式、龙源环保发展及优势进行概述；第二章针对脱硫系统检修标准化管理基本要求进行展开介绍，包含标准制度要求、管理职能要求、检修管理及过程要求；第三章针对脱硫系统检修标准化管理的实施进行详细讲解，包括准备、过程、质量、安全、进度、试运、验收、总结等方面内容；第四章针对脱硫设备检修标准化管理效果评价展开描述，为检验脱硫系统检修标准化管理水平提供了相关依据。

图书在版编目（CIP）数据

火电厂湿法烟气脱硫系统检修与维护培训教材：检修标准化管理 / 国能龙源环保有限公司编 .—北京：中国电力出版社，2022.3

ISBN 978-7-5198-6461-3

Ⅰ.①火… Ⅱ.①国… Ⅲ.①火电厂－湿法脱硫－烟气脱硫－机械设备－维修－标准化管理－技术培训－教材 Ⅳ.① X773.013-65

中国版本图书馆 CIP 数据核字（2022）第 022694 号

出版发行：	中国电力出版社
地　　址：	北京市东城区北京站西街 19 号（邮政编码 100005）
网　　址：	http://www.cepp.sgcc.com.cn
责任编辑：	赵鸣志　马雪倩
责任校对：	黄　蓓　于　维
装帧设计：	赵丽媛
责任印制：	吴　迪

印　　刷：	三河市万龙印装有限公司
版　　次：	2022 年 3 月第一版
印　　次：	2022 年 3 月北京第一次印刷
开　　本：	787 毫米 ×1092 毫米　16 开本
印　　张：	11
字　　数：	232 千字
印　　数：	0001—2000 册
定　　价：	50.00 元

版 权 专 有　侵 权 必 究

本书如有印装质量问题，我社营销中心负责退换

《火电厂湿法烟气脱硫系统检修与维护培训教材》

—— 检修标准化管理分册 ——

编写人员名单

杨艳春　王　飞　李春阳　郭锦涛

张永智　张永强　胡秀蓉　闫　敏

序

　　自"十一五"起，我国将加强工业污染防治纳入规划，控制燃煤电厂二氧化硫排放成为环保工作重点之一。经过多年努力，电力环保产业快速健康发展，特别是火电烟气治理取得了长足的进步，助力我国建成全球最大清洁煤电供应体系，为打赢"蓝天保卫战"、推动生态文明建设作出了积极贡献。这其中，脱硫系统等环保设施的高效运行，无疑起到了关键作用。

　　随着"双碳"目标的提出和能耗"双控"等产业政策的持续推进，"十四五"时期，我国存量煤电机组将从主力电源向调节型电源转型，火电环保设施运维管理必须以持续高质量发展为目标，进一步提高设备可靠性、降低能耗指标、降低污染物排放，保障机组稳定运行和灵活调峰。因此，精细化、标准化和规范化管理，成为提升火电环保设施运维水平的重要着力点。但在实际生产过程中，一些火电企业辅控系统生产管理相对粗放，检修人员技术技能水平偏低，导致重复缺陷、设备损坏、非计划停运、超标排放等现象时有发生，对煤电机组全时段稳定运行和达标排放造成了严重影响，是制约煤电行业高质量转型发展的隐患之一。

　　国能龙源环保有限公司是国家能源集团科技环保产业的骨干企业，是我国第一家电力环保企业。公司成立近30年以来，始终跻身污染防治主战场和最前线，率先引进了石灰石－石膏湿法脱硫全套技术，率先开展了燃煤电站环保岛特许经营，在石灰石－石膏湿法脱硫设计、建设、运营维护方面开展了大量探索实践，逐渐积累形成了关于脱硫设施检修、维护及过程管理的一整套行之有效的标准化管理经验。

　　眼前的这套丛书，正是对这些经验的系统梳理和完整呈现。丛书由五个分册构成，分别从检修标准化过程管理和效果评价、脱硫机械设备维护检修、脱硫热控设备维护检修、脱硫电气设备维护检修与试验、脱硫生产现场常见问题及解决案例五个方面，对石灰石－石膏湿法脱硫系统的检修管理维护做了深入浅出的讲解与案例分享。丛书是龙源环保团队长期深耕环保设施运维领域的厚积薄发，也是基层技术管理人员从实践中得出的真知灼见。

这套丛书的出版，不仅对推动环保设备检修作业标准化，促进检修人员技能水平快速提升有重要的借鉴意义，对于钢铁、水泥、石化等非电行业石灰石－石膏湿法脱硫技术应用水平的提升，也有一定的参考价值。

2022 年 1 月

前　言

我国燃煤电厂烟气脱硫建设运行初期，脱硫系统运行维护工作由于缺乏统一的管理标准和行业规范，从业人员队伍质量参差不齐，脱硫设备故障率高、系统投运率低、检修维护费用高等问题较为突出。2007年开展烟气脱硫特许经营试点工作以来，由于第三方治理模式采用建设运营一体化管理，在系统设计优化、设备集中采购、人员结构及培训等方面具有较大优势，在解决初级阶段烟气脱硫工程存在的建设质量不高、运行检修维护专业化水平低、脱硫行业技术规范不完善、技术创新进展缓慢等方面发挥了重要作用，显著带动了火电行业烟气脱硫系统设备运维水平的提高。

同时，为实现脱硫系统与火电机组其他专业检修管理的有效衔接，电力行业先后发布了《火力发电机组检修定额》（2015年版）及《火电厂石灰石/石灰－石膏湿法烟气脱硫系统检修导则》（DL/T 341—2019），为确定脱硫系统检修费用、检修项目立项及检修目标的制定提供了标准和依据，对规范脱硫系统检修管理发挥了重要的作用。

2015年底，国家环境保护部、国家发展和改革委员会、国家能源局联合印发了《全面实施燃煤电厂超低排放和节能改造工作方案》。脱硫系统超低排放改造的全面实施，推动了以脱硫塔提效技术（SPC-3D技术、BFI技术、U形塔技术等），单塔双循环脱硫技术以及脱硫塔串联等先进技术的应用和脱硫设备的全面升级，同时也对运维管理工作提出了更高的要求。为进一步提高脱硫检修维护工作的有效性和规范性，龙源环保组织编写了《火电厂湿法烟气脱硫系统检修与维护培训教材》，共五册，本书为《检修标准化管理》分册，以介绍脱硫等级检修标准化为重点，力求充分体现脱硫系统专业特点和要求，尽可能全面地介绍火电厂湿法烟气脱硫系统等级检修各阶段的管理项目和工作标准。

龙源环保是国内第一家电力环保企业。多年来，龙源环保一直致力于科技创新，研究开发了单塔双循环、双塔双循环、脱硫除尘一体化（DUC）等多项专利技术；积极参与燃煤电厂环境污染第三方治理，以提供脱硫、脱硝、除尘、废水和固废处理等环保设施的投资和运维服务为核心业务，以脱硫特许经营、电价总包以及委托运维等方式拥有 33 家电厂的烟气脱硫运营业务。

本书全面梳理了龙源环保脱硫第三方经营项目检修管理相关资料，参考了国内外最新的相关标准和规范、国家能源集团检修管理的相关规定和标准，并结合自身多年来在电厂环保领域项目管理、安装调试、设备检修等现场工作经验的基础上，编写了这本书。本书篇幅结构上按照修前准备、过程控制、试运验收、总结评价等检修全过程不同阶段的管理特征进行设计。内容编排上注重理论与实践的相互结合，介绍了脱硫等级检修标准项目清单、标准检修文件包以及特殊项目管理标准，火电厂湿法烟气脱硫修前修后检测项目及修后评价标准，不同运营方式下检修标准化管理组织架构和管理职能等内容。

脱硫检修标准化管理涉及面广，专业技术性强，由于编者的水平所限，书中难免存在疏漏或不当之处，欢迎广大读者批评指正。

编　者

2021 年 12 月

目 录

第一章 概　　述

第一节　我国燃煤电厂烟气脱硫现状

燃煤电厂烟气脱硫系统是电厂主要的环保设施之一，目前我国新建和在运的燃煤机组全部配套建设或进行了脱硫技术改造，且基本上均实现了 SO_2 的超低排放。根据中电联发布的数据，截至 2020 年底，全国全口径发电装机容量 22 亿 kW，其中煤电装机容量 10.8 亿 kW，全国超低排放煤电机组累计达到 9.5 亿 kW，约占全国煤电装机容量的 88%。

一、燃煤烟气脱硫系统特点

石灰石 - 石膏湿法烟气脱硫技术以其脱硫效率高、适应煤种范围广、脱硫剂石灰石易得且价格便宜、脱硫副产品石膏综合利用率高等优势，在燃煤电厂中得到了广泛的应用，占比 90% 以上。

在我国环保政策和排放标准不断严格的情况下，燃煤电厂烟气脱硫系统的设计和运行呈现出以下特点：

（1）全面取消了脱硫烟气旁路。脱硫烟气旁路取消后，脱硫系统与锅炉成为串联的生产系统，脱硫系统也就成为锅炉烟气排放的唯一通道，一旦脱硫系统出现故障降低出力或退出运行，将直接导致机组降负荷运行甚至非计划停运，降低了机组运行的安全性。

（2）脱硫启动顺序发生改变。取消脱硫烟气旁路后，脱硫系统的启动也由之前的锅炉启动运行正常、烟气温度达到脱硫系统允许的温度后投运，变为锅炉启动前投入运行。锅炉启动点火过程中投油运行、炉内温度低燃烧不完全，电除尘器投运电场少、除尘效率低等，都使得进入脱硫系统的烟气污染物浓度高，容易造成吸收塔内浆液污染、塔内脱硫反应状况恶化、浆液起泡溢流、脱硫效率下降、污染物排放超标等，影响脱硫系统运行的安全稳定及环保性能。

（3）脱硫系统建设及设备质量要求更高。脱硫烟气系统增压风机、烟气换热器（GGH）热媒体气气换热装置（MGGH）、烟道膨胀节等主要设备，脱硫塔内防腐、浆液搅拌器（脉冲悬浮系统）、浆液循环系统（浆液循环泵滤网、入口阀门、管路及喷淋系统）、除雾器、氧化空气喷枪（管网）等塔内主要设备及内部件故障，只能在机组停运时进行处理，对脱硫系统设备可靠性要求进一步提高。

（4）脱硫系统运行能耗大幅度升高。有统计显示，一台 600MW 等级机组超低排放改造后，脱硫系统厂用电率平均 1.40%（改造前 0.8%～1.2%），在脱硫塔入口 SO_2 浓度高于 10000mg/m³ 情况下，脱硫系统厂用电率将达到 2.5%，脱硫系统运行成本大幅度提高，电厂的经济效益受到影响。

二、提高脱硫建设和运行质量的措施

为应对我国日益严格的环境保护标准和政策要求，适应燃煤机组烟气脱硫取消旁路后对脱硫系统设备高可靠性要求的特点，近年来，燃煤电厂高度重视脱硫系统的建设和运行管理，其重要性已经提升到了与锅炉、汽轮机等主机设备同等重要的地位，并通过脱硫系统设计优化（取消 GGH、采用引增合一风机），减少系统运行故障点；选择高质量的设备和材料（如碳化硅叶轮浆液循环泵、高效离心风机、高等级的防腐不锈钢等），提高设备性能和运行可靠性；加强建设期间的施工质量管控和调试管理，确保脱硫系统高质量高标准投产；同时加强投产后的运维管理，制定脱硫系统设备的建设和运行管理、运行和维护的相关标准，开展标准化的运维管理，提升脱硫系统运行的可靠性。

响应国家发展和改革委员会和国家环境保护部的《关于在燃煤电厂推行环境污染第三方治理的指导意见》（发改环资〔2015〕3191）要求，创新脱硫建设和运营管理模式，引入专业化的环境服务第三方运营公司，进一步提升脱硫系统设备的建设和运营管理的质量，确保脱硫系统的高效安全稳定达标运行。

第二节　燃煤电厂烟气脱硫检修标准化管理

燃煤电厂烟气脱硫是电力生产的一个重要环节，其系统设备的检修维护管理按照电力生产企业的管理模式，结合其设备特点及重要程度，进行分类分级管理，并按照设备等级实施故障检修、计划检修、状态检修和改进性检修。计划检修中按照脱硫设备大小修管理要求，实施检修全过程管理，对检修过程中施工、质量控制、调试试运、验收各个过程的每个管理阶段、管理物项进行科学化、标准化管理，以实现检修管理的规范和高效，保证在规定的时间内高质量地完成设备检修。

一、脱硫检修标准化管理的必要性

随着环保要求的进一步提高和燃煤电厂烟气超低排放政策的实施，以石灰石－石膏湿法烟气脱硫为基础的单塔一体化脱硫除尘深度净化技术（SPC-3D 技术）、燃煤烟气沸腾式泡沫脱硫除尘一体化技术（BFI 技术）、U 形塔脱硫除尘一体化技术（U 形塔技术）、吸收剂供应箱技术（AFT 塔技术）、串联塔技术、双循环技术等脱硫提效技术得到了大规模的推广应用，脱硫效率也不断得以提升，实现了 SO_2 超低排放目标，脱硫塔系统内部件设备也在逐步增加（如喷淋层数增加至 5～7 层，塔内增加旋汇耦合器、双托盘、高效除尘除雾一体化管式除尘器等）；为防止锅炉系统设备故障引起脱硫塔入口超温造成塔内部件损坏，在脱硫塔入口增加了喷淋降温系统；为提升石灰石供浆系统和石膏脱水系统设备可靠性，增加了系统及设备冗余量；脱硫超低排放改造后，系统设备更加庞大和复杂，运行和检修维护工作量进一步增大、运行成本和费用大幅提升。

由于锅炉烟气中 SO_2 浓度高，烟气进入脱硫塔内洗涤后，再加石灰石或石膏浆液呈酸性，且浓度高（12%～25%），造成脱硫系统运行中容易出现腐蚀、磨损和堵塞现象。在实际运行中，脱硫系统烟道及吸收塔防腐内衬失效造成泄漏、吸收塔浆液循环泵金属过流部件磨损腐蚀、浆液管道由于介质流速控制不合理等造成结垢堵塞或磨损问题普遍存在。由于塔内喷淋层管路堵塞脱落、除雾器堵塞坍塌，造成塔内设备损坏、脱硫效率下降时有发生；基建期脱硫塔防腐施工或防腐检修施工中由于安全措施不到位造成火灾事故、设备损坏问题时有发生，给脱硫系统设备的安全稳定运行及机组的正常运行带来比较大的安全风险。因此，加强脱硫系统设备的运行和检修维护管理，合理控制系统运行参数范围，制定和完善脱硫系统设备运行和检修维护管理标准，实施脱硫设备全寿命周期管理和标准化检修管理，对提高脱硫系统设备检修质量、提高脱硫系统设备运行可靠性具有重要意义。

二、脱硫检修标准化管理的基本内容

脱硫检修标准化管理的任务是保证检修质量，控制检修费用，提高管理效率，提高设备安全性、可靠性和经济性，恢复或提高设备使用性能，延长设备的使用寿命，减少生产过程中对环境的不利影响，保持系统可用状态。对系统检修过程，做到有效监督、控制、评价和考核。

检修标准化管理覆盖检修全过程的每一个环节，涉及的工作、文件、人员等各要素均应处于可控、受控状态，以期达到预期的检修效果和质量目标。从发电企业检修工作中需要进行标准化管理的细分项目看，主要包括：检修准备管理，检修项目及计划管理、检修费用管理、检修安全管理、检修质量管理、检修工艺管理、检修进度管理、检修作业文件包管理、检修现场管理、试运管理、检修总结与资料整理归档管理、管理效果评价等内容。

第三节 燃煤电厂环境污染第三方治理创新运营模式

目前，我国燃煤电厂烟气脱硫设施的建设和运行有两种模式：一种是电厂自主建设和运营的模式，管理上按照电厂的一个专业进行管理；另一种是以第三方治理服务公司为主体的特许经营或委托运营的模式。特许经营模式指燃煤电厂将国家和地方出台的环保电价、与环保设施相关的优惠政策等收益权以合同的形式特许给专业的环境服务公司，由其承担脱硫设施的投资、建设（或购买已建成在役的污染治理设施资产）、运行、维护及日常管理，并完成合同规定的污染治理任务。委托运营模式指燃煤电厂按照双方约定的合同价格，将环保设施委托给专业化的环境服务公司，由其承担污染治理设施的运行、维护及日常管理，并完成合同规定的污染治理任务。特许经营管理上电厂按照项目或承包商进行管理。

一、燃煤电厂环境污染第三方治理政策

为了提高烟气脱硫设施建设和运行质量，确保 SO_2 减排目标任务的完成，2007 年 7 月，国家发展改革委办公厅同原国家环保总局办公厅联合印发了《关于开展烟气脱硫特许经营试点工作的通知》（简称通知），决定开展火电厂烟气脱硫试点工作。《通知》要求五大发电集团按照试点工作方案要求，推荐试点项目，并填写试点项目推荐表；要求符合相关条件参加特许经营试点的专业化脱硫公司，填写申请参加烟气脱硫特许经营试点登记表，2008 年 1 月 18 日，火电厂烟气脱硫特许经营试点项目签约仪式在北京举行，这标志着火电厂烟气脱硫特许经营试点进入实施阶段。

2007—2010 年，国家发展和改革委员会联合国家环境保护部在电力行业开展了为期三年的燃煤电厂烟气脱硫特许经营试点工作。2016 年 12 月，国家发展改革委、环保部和国家能源局联合发布了《关于在燃煤电厂推行环境污染第三方治理的指导意见》（发改环资〔2015〕3191），鼓励燃煤电厂自愿推行环境污染第三方治理。

二、燃煤电厂环境污染第三方治理发展及优势

自 2007 年脱硫特许经营试点开展以来，已经经历了 14 年的发展历程，据中电联不完全统计，截至 2018 年底，开展燃煤电厂第三方治理的企业已经达到了 12 家，治理的脱硫机组容量达到了 1.72 亿 kW，占到了全国煤电装机容量的 17% 以上；治理的脱硝机组容量达到了 8876.5 万 kW，占到了全国煤电装机容量的 8.8%。

参与脱硫特许运营第三方环境服务的公司基本上都是我国最早引进脱硫技术的工程公司，目前国能龙源环保有限公司、大唐环境产业集团股份有限公司、国家电投集团远达环保工程有限公司、北京博奇电力科技有限公司、北京清新环境技术股份有限公司等燃煤电厂环境污染第三方治理企业在集团内外特许经营的项目都达到了一定的规模，形成了自己的品牌，发挥了专业化公司一体化管理的技术和管理优势，减轻了电厂管理的压力，为所服务的电厂脱硫系统设备的安全稳定经济运行提供了保障，其运营管理优势主要体现在以下几个方面：

（1）专业化的技术优势。第三方治理公司具有从设计、设备采购、工程施工、调试及运维一体化全产业链的技术优势，为提高脱硫建设质量和提供现场运维技术服务提供了专业化技术服务保障，有利于脱硫系统设备的安全可靠经济运行。同时，可以充分利用特许经营项目建设运行一体化管理的优势，开展科技项目的研发和试验应用，缩短创新技术工程化应用的时间，推动行业技术的持续健康发展。

（2）集群化资源配置管理优势。从目前参与燃煤电厂第三方治理运营企业项目统计看，基本上都超过了 10 个，最多的达到了 50 个，分布在国内多个省市不同地区的电厂，且呈现出集群化和区域化的特点。便于集群人员、技术、技能、机具、备品配件和材料统一调度、资源共享，同时便于集中专家力量为现场提供及时高效的技术支持、共享信息和技术成果，降低项目运营成本，保障项目公司效益和效率最大化。

（3）体系化标准化管理优势。第三方运营公司具有运营管理项目多、时间长、地域广等特点，在长期运营管理中积累了大量的建设和运维管理实践经验，形成了第三方运营公司独特的管理模式和标准化体系，为电厂环保设施的安全稳定经济运行提供了保障。

三、龙源环保发展及优势

龙源环保是首批燃煤电厂脱硫特许经营"第三方治理"试点企业，是国内最早从事电力环境污染"第三方治理"的企业，经历了 14 年的发展，已经成为国内火电机组大气和水污染治理领域的龙头企业，已经形成了围绕火电厂环保岛设计、施工、调试、制造管理为一体的环保产业集群。目前服务的燃煤电厂烟气脱硫特许和委托运营的企业有 20 家（容量 3797 万 kW），脱硝特许经营和委托运营的企业 22 家（容量 3139 万 kW），废水零排放、除灰、湿除项目各 4 家；污泥干化耦合掺烧项目 1 家。

龙源环保在环保设施建设和运维方面，积累了大量的实践和管理经验，构建了"一个体系、五个标准化、三个保障"管理体系，形成了 90 项标准制度、103 项技术管理标准和 107 项目工作标准，规范了生产经营、技术管理和从业人员作为行为，为企业安全生产精细化管理、技术管理标准化和安全责任落地奠定了基础。

在脱硫设备检修管理方面，龙源环保推行检修标准化管理，形成了检修标准化管理体系，并在各项目脱硫检修中实施应用，重点内容包括：

（1）推行全过程检修管理，制定检修管理标准，量身定做环保装置设备标准检修文件包，实现从修前准备、过程控制、修后试验启动及技术资料管理等全过程的检修管理标准化。

（2）强化标准文件的培训及等级检修质量效果的监督和考核，促进检修标准化文件有效落地。

（3）根据设备缺陷、可靠性分析、运行分析、两措计划、技术改造、环保指标要求等实际情况，制订设备检修计划，逐步实现状态检修。

（4）发挥区域管理优势，分区域成立专业化检修队伍，实现检修工作的集中化、专业化、系统化。区域内检修项目立足区域自主完成，建立奖惩机制。

（5）加强特殊项目管理，制定外委工程管理办法，从需求立项、过程控制、质量验收到考核结算进行监督把关，确保达到预期效果。

第二章 脱硫系统检修标准化管理基本要求

脱硫系统检修工作也是燃煤电厂检修工作的重要组成部分，具备电厂检修工作的一切基本特性。燃煤电厂污染物达标排放具有法律硬约束性，脱硫系统的安全性、稳定性、可靠性是影响电厂能否长周期运行的关键因素，因此脱硫系统检修就具有了特殊性，必须对脱硫系统标准化检修的基本要求予以明确。

脱硫检修标准化管理工作，遵循国家、行业法律、法规、标准和上级单位制度是基本原则；依据工作特性，制定切实可行的规章制度是标准化管理工作的基础；明确组织机构和职能分工是检修工作有序衔接的保证，编制检修工作内容、要求是检修工作的根本，是判定工作项目完整性、质量保证的约束性依据。

第一节 标 准 制 度 要 求

一、国家、行业标准

脱硫检修依据《燃煤烟气脱硫设备》（GB/T 19229.1—2008）、《燃煤火力发电企业设备检修导则》（DL/T 838—2017）、《火力发电厂锅炉机组检修导则 第 10 部分：脱硫系统检修》（DL/T 748.10）、《燃煤火力发电企业设备检修导则》（DL/T 838）、《火电厂石灰石/石灰-石膏湿法烟气脱硫系统检修导则》（DL/T 341）等行业标准。

检修作业安全是企业安全生产的重要环节，"安全"是一切工作的基础，《电力安全工作规程 发电厂和变电站电气部分》（GB 26860—2011）和《电业安全工作规程 第 1 部分：热力和机械》（GB 26164.1—2010）是规范检修作业行为，实现检修生产安全的重要保障，检修标准化管理必须严格执行，并结合设备运行健康状况、等级检修要求，制订检修计划，确定检修项目，规范检修管理流程。

二、企业标准

企业发电集团或专业环保服务公司建立企业级的检修标准文件，对检修管理工作提出明确的要求，如龙源环保所属的国家能源投资集团有限责任公司发布的《国家能源投资集团有限责任公司火电设备检修管理办法》（国家能源办〔2019〕89 号）、《火电设备检修标准化规范（试行）》（国家能源办〔2019〕791 号），对集团内部企业设备检修的项目进行规范管理，包括脱硫系统检修在内的具体检修管理提出明确要求，作为基层企业检修工作的指导性文件。

三、企业规范、制度

根据脱硫工艺特性、生产组织构架，建立健全企业脱硫检修体系文件，满足基层检修管理工作需要，具有涵盖范围广、可操作性强，闭环管理、持续改进的特点。

以龙源环保为例，依据国家、行业、企业标准制定检修管理标准。制定《检修管理》（Q/TX 2021—2021），用于特许运维项目公司脱硫系统检修工作的管理，明确脱硫系统检修的管理职能、检修内容与要求、检查与考核要求等。在安全生产方面，依据国家、行业安全生产法律、法规，制定《危险作业管理》（Q/TX 2060—2021）、《安全用电管理》（Q/TX 2059—2021）等，进一步细化安全管理要求，保证企业安全生产可控、在控、能控。在运营考核、费用管理方面，制定《生产经营专项检查与评价》（Q/TX 2034—2021）、《生产费用管理》（Q/TX 2049—2021），实现运营绩效量化管理。在检修项目外委方面，制定《外委工程管理》（Q/TX 2003—2021）、《外包工程安全管理》（Q/TX 2062—2021），将外委项目统一纳入企业管理，杜绝了检修安全、质量管理漏洞。龙源环保建立健全石灰石－石膏湿法烟气脱硫系统检修标准化管理制度，从检修项目、质量、安全、人员、费用、进度等各环节，实现脱硫检修标准化规范管理。

第二节　管理职能要求

为保证脱硫系统标准化检修作业的顺利开展，需要建立检修标准化作业组织机构，明确管理职责，保证组织协调顺畅、计划安排周密、工作有效衔接、进度管理可控，为高标准完成检修质量提供保障。

燃煤电厂脱硫设施运营管理有特许经营和发电企业自主运营两种模式，这两种模式的检修管理大体一致，但在企业架构、管理特点、检修管理的组织分工、职责方面存有差异。

一、脱硫特许经营项目检修管理体系

国能龙源环保有限公司经过多年的脱硫特许检修作业，已经形成了以特许运维事业部为统筹，各职能部门分工管理，特许项目公司为检修组织与实施主体的脱硫系统检修管理模式。国能龙源环保有限公司脱硫特许项目检修管理架构见图 2-1。

特许运维事业部是特许运维项目公司检修维护工作的管理部门，负责审核特许运维项目公司检修项目，统筹公司相关部门、项目公司间工作协调等事项。特许运维检修管理各级职能要求（以国能龙源环保有限公司为例）见表 2-1。

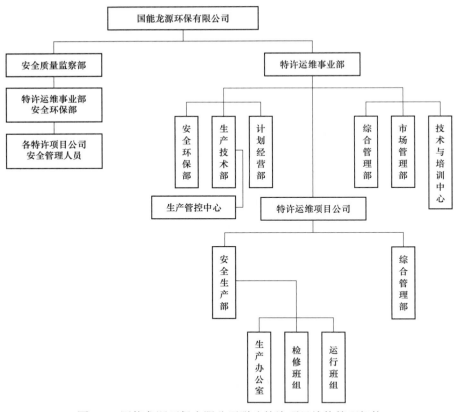

图 2-1　国能龙源环保有限公司脱硫特许项目检修管理架构

表 2-1　　　　　特许运维检修管理各级职能要求（以国能龙源环保有限公司为例）

公司 / 部门	智能要求
生产技术部	（1）是特许运维项目公司检修维护工作的归口管理部门，负责贯彻上级单位有关检修管理的规章制度，制定特许运维项目公司等级检修有关的标准、制度、规定和办法。 （2）负责审核特许运维项目公司检修滚动规划、检修项目计划、检修工期计划和外委工程项目计划。 （3）负责监督、指导项目公司等级检修全过程的质量、技术、工期、成本等方面的管理工作。 （4）负责对项目公司等级检修全过程相关事件、资料的统计分析、监督管理工作。 （5）负责协调、协助解决项目公司检修全过程中遇到的问题。 （6）负责对特许运维项目公司检修与质量的统计、分析、考核
安全环保部	负责特许运维项目"两措"项目的管理工作，负责项目公司的安全监督检查工作，负责审核项目公司与外委单位签订安全管理协议，指导项目公司开展外委施工队伍安全资质审查工作，指导项目公司对危险性较大的分部分项工程施工组织等方案中的安全措施的编制及审核工作
计划经营部	负责指导检修项目费用的归类、核算及监督；监督、检查项目的采购、入账、结算等情况

续表

公司/部门	智能要求
特许运维项目公司	（1）贯彻执行国家法律法规、行业有关规定以及特许运维事业部检修管理有关规定。 （2）负责组织编制执行项目公司设备检修管理程序化文件。 （3）负责组织编制项目公司设备检修滚动规划和年度检修计划。 （4）负责按照批准的脱硫系统检修周期和工期，检修费用定额组织实施检修。 （5）负责项目公司年度设备检修的全过程管理，对安全、质量、工期、成本等进行全过程控制。 （6）负责做好项目公司检修的统计、分析、总结工作，制定考核办法，落实各级管理责任。 （7）负责组织项目公司的检修计划任务书、施工进度计划各项安全技术措施的落实。 （8）研究解决检修工作中发现的重大问题、修后的总体验收
安全生产部	（1）安全生产部是项目公司脱硫系统设备检修管理的主管部门，在项目公司负责人的领导下，负责编制项目公司检修滚动规划、年度检修计划。 （2）负责所有检修费用、明确检修的项目、内容和资金来源。 （3）负责审核各专业的检修项目计划、技术监督项目计划、施工进度计划、"两措"计划及需求采购计划。 （4）负责审核检修文件包、作业指导书、三措两案等检修策划文件。 （5）负责审核外委单位进场人员数量、资质等资料，办理外委单位进出厂相关手续。 （6）负责现场设备检修全过程质量、安全、进度、费用管理和检修标准化工作的管理。 （7）负责主持召开检修计划会议，协调解决检修中碰到的问题。 （8）负责编写等级检修报告并报电厂和特许运维事业部生产技术部。 （9）安全生产部下设生产办公室、检修班组、运行班组。生产办公室负责检修的全面协调管理工作；检修班组作为检修的组织实施部门，是设备检修的责任者；运行班组负责系统停运、试运、启动、试验及并网的组织和协调工作，负责检修期间设备、系统隔离，参加检修质量检查和现场文明生产验收
综合管理部	（1）负责根据检修材料计划、服务计划及时报送采购计划、合同。 （2）负责项目公司检修成本的控制和检修工程量的核定、结算工作。 （3）负责按合同要求办理外委工程结算工作。 （4）负责检修项目涉及新增固定资产的项目，负责及时组织办理项目资产转固手续。 （5）负责组织物资到货的验收入库工作

二、发电企业自主运营检修管理体系

在发电企业脱硫系统检修中，脱硫系统作为机组检修的一部分，一般和机组检修同步进行。为保证机组检修工作的有序进行，机组检修前成立检修领导小组，检修领导小组设组长一名，由分管生产副总经理或总工担任，成员由生产技术部、安全监察部、发电运行部、检修维护部、物资管理部、后勤服务部。一般发电厂自主运营检修组织架构见图 2-2。

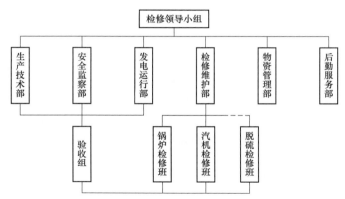

图 2-2　一般发电厂自主运营检修组织架构图（示例，参考使用）

　　检修领导小组在等级检修期间统筹全厂各部门的检修管理工作。根据检修工作需要等级检修期间由生产技术部、安全监察部、发电运行部、检修维护部相关人员共同成立验收组，参与安全、质量、文明生产的验收工作。发电企业脱硫检修各级职能要求见表 2-2。

表 2-2　　　　　　　　　　　　发电企业脱硫检修各级职能要求

岗位或部门	职能要求
检修领导小组	（1）负责检修的全面领导和组织指挥，定期督促检查各职能单位在各阶段的组织协调、安全管理、进度控制、检修监理等工作。 （2）制定检修方针、安全、质量、进度目标和修后经济指标、参数目标。 （3）决策检修过程中影响安全、质量、进度的重大事项。 （4）对参加机组检修的各单位工作进行指导监督
生产技术部	（1）代表企业履行全厂生产技术管理职能，是设备管理技术的支持方。 （2）负责相关标准的审核发布、检修及更新改造计划的审核、部门间争议问题的协调处理、设备状态诊断、技术监督、重大技术措施制定、设备检修工作的监督考核等工作
安全监察部	（1）全面负责检修的安健环、文明生产、保卫及消防的监督和管理工作。 （2）负责高风险项目安健环预控措施的审定和检查，外委队伍安全资质的审查和安全教育，办理出入许可手续，检修现场两票的监督管理与考核
发电运行部	（1）负责机组停运、试运、启动、试验及并网的组织和协调工作。 （2）负责检修期间设备、系统隔离，参加检修质量检查和现场文明生产验收
检修维护部门	（1）设备检修管理的组织实施部门，是设备检修的责任者、组织者和管理者。 （2）负责设备管理、起草相关标准、编制检修及更新改造计划，提出检修网络图和进度控制计划。 （3）是设备验收的责任部门及组织部门，对检修过程的安全、质量、进度、费用负责
物资管理部	负责物资的采购、验收、入库保管、发放等工作
后勤管理部	为检修工作提供完善的后勤服务和医务工作保障，并协助检修单位解决检修人员就餐、住宿等后勤服务问题

续表

岗位或部门	职能要求
验收组	（1）负责检修的安全、质量的监督、检验、验收和技术监督工作。 （2）负责安全、质量监督和技术监督计划的编制、审核并监督安全质量计划实施，对技术监督发现的问题提出整改措施并组织实施。 （3）负责检修作业文件包的编制和审核，组织有关人员学习检修作业文件包和技术交底。 （4）参与质检点验收并做好质量跟踪，负责编写、审批不符合项的处理措施，下达不符合项通知单并负责不符合项纠正后的验收。 （5）负责技术监督项目的实施和相关资料的收集、整理和归档。 （6）负责组织系统检修冷、热态验收和评比

第三节 检修管理要求

一、检修间隔要求

一般根据脱硫系统腐蚀、磨损等特性，按检修等级确定检修间隔，检修等级的划分以脱硫系统检修规模和检修工期为原则进行确定，一般分为 A、B、C 级检修：

A 级检修：对脱硫系统进行全面的解体检查和修理，以保持、恢复或提高设备性能。

B 级检修：针对脱硫系统某些设备存在问题，对脱硫系统部分设备进行解体检查和修理。B 级检修可根据设备状态评估结果，有针对性地实施部分 A 级检修项目或定期滚动检修项目。

C 级检修：根据设备的磨损、腐蚀、老化规律，有重点地对脱硫系统进行检查、评估、修理、清扫。C 级检修可进行少量零部件的更换和设备的消缺、调整、预防性试验等作业，以及实施部分 B 级检修项目或定期滚动检修项目。

A 级检修的间隔一般为 5～8 年，B 级检修的间隔一般为 1～2 年，C 级检修间隔一般为 1 年。B 级检修视脱硫系统具体情况，一般在两次 A 级检修中间安排一次；对当年内有 A、B 级检修的脱硫系统，不安排 C 级检修。新机组投产或脱硫系统重大技改后首次 A 级检修时间应根据制造厂家要求、合同规定以及脱硫系统具体情况，结合所在机组等级检修计划确定。对设备技术状况、经济性能较好的设备，应适当延长设备检修间隔，延长检修间隔，应提前做好技术论证工作。对于设备技术经济状况不好和存在重大缺陷、安全隐患的脱硫系统设备，为确保运营安全，经技术论证后，设备检修间隔可适当缩短。

二、检修工期要求

检修工期一般根据脱硫系统所对应机组容量和检修等级确定，同时应结合所在燃煤发电机组检修工期合理进行调整，但应限定在机组检修工期范围内。脱硫系统等级检修工期划分与机组检修工期对照见表 2-3。

表 2-3　　　　　　　脱硫系统等级检修工期划分与机组检修工期对照　　　　　　（天）

机组容量 P （MW）	A 级检修		B 级检修		C 级检修	
	脱硫系统	发电机组	脱硫系统	发电机组	脱硫系统	发电机组
100≤P<200	20～25	32～38	15～18	14～22	7～9	9～12
200≤P<300		45～48		25～32		14～16
300≤P<500	25～30	50～58	20～23	25～34	9～12	18～22
500≤P<600		60～68		30～45		20～26
600≤P<750	30～35		23～25		9～15	
750≤P<1000		70～80		35～50		26～30
1000≤P≤1300	35～40		25～30			

三、检修计划要求

1. 三年滚动计划

"三年滚动规划"主要是项目公司对需要在三年内 A/B 级检修中安排的重大特殊项目、技改项目进行预安排。特许运维项目公司应结合所在电厂"三年滚动规划"的检修类别，结合本年度脱硫检修类别及设备磨损周期编制三年滚动规划，滚动规划主要是对需要在后两年 A/B 级检修中安排的重大特殊项目、技改项目进行预安排（见附录 A），随本年度检修计划报特许运维事业部、生产技术部。

2. 年度检修计划

项目公司脱硫系统的年度检修计划应根据本项目公司主辅设备的检修间隔、设备的技术指标和健康状况，结合检修滚动规划，以系统编制检修计划，检修计划包括检修工期计划和检修项目费用计划。项目公司脱硫系统的检修工期应限定在电厂检修工期范围内，检修工期计划内容应包括：机组（系统）名称、脱硫系统累计运行时间、上次 A 级检修竣工时间、上次 B 级检修竣工时间、上次 C 级检修竣工时间、计划检修的开始和结束日期。

四、检修费用要求

检修费用执行年度预算管理，遵循预算科学、支出合理、管理规范、指标先进的原则。通过制定合理定额，实施检修费用的预算、控制、分析和考核，提高检修费用管理水平，增强市场竞争力。

各项目公司要加强检修费用管理，进行费用分析，总结经验，采取措施，纠正偏差，不断挖潜额增效，提高检修管理水平。

检修费用管理，以项目公司所在电厂年利用小时和脱硫装置投运率及生产指标为主要依据预算费用，辅以脚手架搭拆、保温及刷漆类、脱硫装置防腐、机加工、检修用工等项目根据机组等级限额管理。以严格项目管理、规范物资采购、优化运行方式、实施状态检修为手段用好费用；以预算管理为重点，实施全过程控制。

第四节　检修全过程要求

从脱硫系统检修全过程管理角度考虑，应以修前准备、检修过程、启动运行、总结及后评价为主要阶段，通过明确各阶段的程序内容，有序地开展脱硫系统检修工作，建立起组织有序、管控有力的检修标准化管理的长效机制（见附录 B）。

一、修前准备阶段要求

修前准备是设备检修管理标准化的基础，主要包含检修计划落实、措施落实、检修物资落实、检修工器具落实、组织与人员落实、外委工程项目落实、检修技术资料落实、检修开工条件的确认等。

1. 检修计划落实

在编制脱硫系统等级检修实施计划时，应结合机组年度检修计划，参照修前设备评估报告（见附录 C），明确影响脱硫系统可靠性的主要因素，根据现场设备实际状态对检修项目进行适当增减，检修计划必须经技术负责人审核，主管领导批准后方可实施。

检修计划中最关键的内容是检修项目的确定，一般通过修前诊断、运行分析会等手段来汇总、分析脱硫系统存在的主要设备缺陷，形成修前设备评估报告。

同时应结合年度检修计划、"两措"项目计划、节能措施计划、年度科技项目计划、技术监督计划等明确需在等级检修中实施的标准项目计划（见附录 D）及特殊项目计划（见附录 E）等。

此外，还应根据检修项目施工工艺要求，在检修计划中明确需要制造厂配合、其他专业配合等特殊要求。

2. 措施落实

对等级检修特殊项目和技改项目的施工特点，制定专门的三措两案，即施工安全措施、技术措施和组织措施；应急预案和专项施工方案。根据现场实际情况绘制检修现场定置管理图；根据检修项目情况办理有关的设备异动报告申请手续。

3. 检修物资落实

根据确定的检修项目按相关工作规定要求及时提报所需备品、材料等物资需求计划，并做好物资采购、验收和保管工作，所有备品配件应在设备停运检修前 10 天全部到货并验收入库。

4. 检修工器具落实

应在检修前 10 天完成起吊设备、施工机具、专用工具、安全用具，及试验器械等工器具的检查、维护、维修及试验工作，新工器具必须到货并验收入库，确保各项工器具数量充足、完好可用。

5. 组织与人员落实

等级检修工作应首先成立检修领导小组，配备相应的管理人员和专业检修人员，根据检修工作需要建立有效的组织架构，明确协调指挥、质量验收、运行调试、安全保卫、物资协调、后勤保障、宣传报道等人员职责，保证等级检修工作的有序进行。

检修领导小组需根据检修工作需要召开各类专题会，重点检查、落实等级检修组织与人员准备情况，制订检修计划、检修专项管理制度，实施全过程管理。

人员落实方面，需要根据检修项目核算检修用工，进行检修劳动力平衡；组织检修人员进行安全工作规程、检修工艺规程、检修文件包"三措两案"的学习及考核；组织检修人员学习、讨论检修计划、项目、进度、措施及质量要求，确定检修项目的施工和验收负责人；进行特种作业人员（如焊工、起重工）的资格审查及考试工作等。

6. 外委工程项目落实

年度检修计划的明细中应明确列出外委工程项目，外委工程实施前，项目公司需编写项目需求计划，项目公司相关专业、部门审核后，根据项目种类、概算实行分级审批。

对于年初不可预见的外委工程项目（如检修过程中发现的意外特殊情况、政策因素或所在电厂提出来的不可预见事项、工程建设前期没有暴露出来的问题等），在实施前项目公司需完成立项申请的审批。

7. 检修技术资料落实

检修技术资料是检修工作实施的技术基础，其管理应遵循规范性、真实性的原则。

检修技术资料主要包括检修管理制度、检修文件包、检修计划文件、检修网络图、设备异动申请、检修安全、质量措施等，等级检修中特殊项目、技改项目、外委工程等还需编制"三措两案"的质量控制计划。

重要技术资料如检修文件包、检修计划等必须经逐级审核批准，其他一般性资料，如相关图纸、设备说明书、零件图等也需要进行必要的准确性审核。

8. 检修开工条件的确认

上述修前准备阶段的各项工作已全部落实，经特许运维事业部检查确认后，应于计划检修日期开始前 7 日提交"检修开工报告单"（见附录 F），通过批准后正式具备开工条件。

二、检修过程阶段

1. 安全管理

检修安全管理是对检修作业中的人、机、料、法、环因素状态的管理，有效地控制人的不安全行为、物的不安全状态、环境的不安全因素、管理的缺陷等，消除或避免事故的发生，是检修标准化管理的核心内容之一。检修全过程中，必须坚持"安全第一，预防为主，综合治理"的安全生产方针，明确安全责任，健全检修安全管理制度。严格执行安全生产相关制度、工作票制度和外委工程安全协议。加强安全检查，定期召开安全分析会。

在各项检修工作中推行风险预控机制，对每一项检修工作均进行有针对性的安全风险分析，做好安全措施，并将其作为检修作业文件包的重要内容之一，贯彻到每一项检修工作中去。

2. 质量管理

检修工作必须坚持"质量第一"的思想，切实贯彻"应修必修，修必修好"的原则；必须坚持"三级验收"和"过程控制"并重的原则，必须按照计划、实施、检查、处理、验收的程序，保证检修质量。

质量验收实行工作人员自检和验收人员检验相结合、逐级验收、共同负责的办法。检修人员在工作过程中必须严格执行检修工艺和质量标准；验收人员必须深入工作现场，调查研究，随时掌握进展情况，不失时机地帮助工作人员解决质量问题，工作中应坚持原则，坚持质量标准，认真负责地把好质量关。

检修工作推行标准化作业，检修标准项目、特殊项目严格按照文件包、"三措两案"中设置的"停工待检点（H 点）""见证点（W 点）"质检点进行质量控制，执行见证点、停工待检点、竣工验收的谁签字谁负责的责任追究制度。

其中：

停工待检点（H 点）：指停工待检点，必须由质量检验人员（QC 人员）按要求检查签字认可后，才能继续下一道工序的质量控制点。根据设备检修的实际情况设置 H 点，同一设备在不同检修场合可以设置不同工序 H 点。

见证点（W 点）：指由质量检验人员（QC 人员）或经质量检验人员授权的工作负责人按要求检查签字认可后，才可继续下一道工序的质量控制点。

3. 过程管理

加强检修过程管控，是实现检修计划、工期、质量，以及检修成本管控的最佳途径和手段，通过检修过程管控，确保作业人员安全、保证检修质量，提高施工效率，控制检修成本，过程管理重点包括以下几个方面：

（1）组织必要的会议，集中沟通、确认及解决问题。每天组织检修协调会，通报当天检修质量、进度、安全事项，研究解决重大技术问题，协调各专业之间的关系，确保检修的顺利进行；重大设备缺陷或质量问题，需组织专题会议对问题原因及处理方法进行讨论，争取最短时间处理完成。

（2）严格按计划执行标准化作业，落实检修准备工作的各项要求。严格按照检修进度表和网络图安排工期进度，增减检修项目、工期调整等均要提出书面申请，全面控制项目的安全、质量、费用和进度，其进度宜采用网络图的方法进行控制；等级检修项目中检修文件包、"三措两案"的覆盖率应达到 100%。

（3）抓好检修文明生产管理（脱硫系统设备检修工艺纪律表见附录 G）。检修作业要文明施工，做到三无（无油迹、无水、无灰）、三齐（拆下零部件、检修机具、材料备品摆放整齐）、三不乱（电线不乱拉、管路不乱放、垃圾不乱丢）、三不落地（使用工器具、量具不落地，拆下来的零件不落地，污油脏物不落地）。

（4）脱硫系统设备检修后启动前，要对机务、电气、仪控等方面进行完整性确认，确保各项设备结构、性能完好。

三、启动运行阶段

1. 设备试运

所有电气、热工、机械设备及系统（包括电气、仪控的二次回路）在检修后期需要进行试运检验的工作。

设备试运必须填写"设备试运转联系单"（见附录 H），同时送交与此试运有关的、需要改变安全措施的所有工作票并暂停检修工作，设备检修后若有异动或系统方式改变，则应在试运前完成设备异动的交底，提交设备异动执行报告，编写操作方案和制订安全措施后才准试运。

设备试运前，应检查试运设备的条件是否具备、试转设备检修工作票上的有关安全措施是否恢复、工作人员是否已撤出检修现场，并确认不影响其他相关工作票安全措施的情况下，进行送电、试运。如果试运设备与其他专业的检修工作票有关联的，"设备试运转联系单"必须由相关专业负责人进行会签，否则，不准试运。

试转（试验）过程中要重点检查设备技术状况和运行情况（例如振动、温度、声音等），调节是否灵活，设备有无泄漏等。试运后需继续工作时，需按原工作票要求重新布置安全措施，并确认安全措施已正确执行，发还原检修工作票后继续进行工作，如果需要改变原工作票的安全措施时，则应重新签发新的工作票和履行新的工作许可程序。

试转结束，运行人员及各专业检修人员需要在《试运转（试验）联系单》里填写试运意见，确认试运结果。

2. 启动运行

（1）脱硫系统启动条件。

1）影响脱硫系统投运的检修工作全部完成，所有工作票已严格按有关规定终结，安全措施恢复。

2）按照运行规程要求，对脱硫系统范围内各个系统、参数进行详细的检查，如发现有影响脱硫系统启动操作的条件或缺陷，应马上组织处理，直到消除该缺陷。

3）具备投运条件的各控制系统已正常投运，各系统联锁合格。

4）各项异动和技改项目技术管理工作已完成。

5）现场人员的培训交底工作已完成。

（2）脱硫系统启动过程工作要求。脱硫系统启动过程中，应安排专业负责人应在现场督促、指导。对启动的执行进程、操作票执行的情况要及时检查，发现问题马上纠正。对操作中涉及技术难度较大的操作应及时加强技术支持。

运行人员应熟知机组启停注意事项，应严格执行操作票管理制度，积极落实注意事项所列的提醒项目，妥善安排好每一步运行操作，细心监盘、精心操作，积极做好参数的趋势预控工作，重点监控 pH、浆液密度等运行参数，提高巡检质量。

启动过程中，要安排人员就地对现场设备、系统运行情况全面巡检，检查是否有泄漏、水击、异声等现象，以便及时处置。

要提高交接班质量，把设备状况、工作任务及安全注意事项交代清楚，特别对部分执行操作票的执行情况和发现的问题要交接清楚，做到运行操作的无缝交接。

（3）脱硫系统启动后工作要求。脱硫系统启动后，应安排专业负责人跟班巡检，对脱硫系统各系统的运行情况做全面检查、调整，主要检查各系统参数运行范围是否合理、正常；各子系统运行方式、备用情况是否正常；涉及公用系统的设备是否调整到位或者恢复备用；现场设备运行情况是否正常，门窗、柜门、空调、通风排涝设备是否已经正常等。

对启动过程遗留的缺陷当班人员应及时联系检修处理，要对处理情况进行跟踪监督，脱硫系统启动后应及时恢复启动过程中相关的保护强制。

四、总结及后评价阶段

高质量、实事求是地完成检修总结阶段的工作，是检修工作的一项重要内容，也是检修全过程闭环管理的重要一环，就是通过对检修全过程的归纳、总结、分析评估，最终得出检修工作的结论和评价。

1. 检修总结

脱硫系统等级检修结束后，一般应在 3 日之内提报"竣工报告单"（见附录 I）。脱硫系统检修竣工后 30 日内完成检修总结（见附录 J），60 日内应完成整体热效率试验并提供报告（如有）。

检修总结的主要内容应包括：施工组织、安全、质量、工期情况，检修文件包（三措两案）应用情况，检修中消除的设备重大缺陷及采取的主要措施，设备重大改进内容和效果，自动、保护、联锁、定置变动情况，技术监督情况，人工和费用的统计分析，主要设备检修前后主要技术指标和检修情况，检修后尚存在的主要问题及准备采取的措施等方面情况和对脱硫系统检修进行全面总结并做出评价。

2. 检修资料移交

检修完成后 30 日内将完成检修资料整理汇总，经审查合格后移交相应的资料管理部门，归档资料主要包括：检修计划（签发版）、网络进度计划、检修文件包（质检点手签版）、三措两案（质检点手签版）、异动申请（竣工）报告、修前（后）评估报告、开工报告、竣工报告、检修总结、仪器仪表检（校）验记录、试验记录以及其他附带的各种原始资料等，具体按制定的档案管理标准执行。

此外，外委工程、技改项目等特殊项目的归档资料还应按相应管理办法执行，如《外委工程管理》（Q/TX 2003—2021）、《技术改造项目管理》（Q/TX 2022—2021）等。

3. 修后评价

结合脱硫系统修前、修中、修后检查结果，组织开展脱硫等级检修后效果评价（见附录 K），重点对脱硫系统的重点检修项目、设备、修前/后的性能、参数展开评价。

第三章 脱硫系统检修标准化管理的实施

第一节 检修前／后参数测试

检修前／后设备（系统）参数测试是标准化检修必不可少的重要环节，结合主机检修计划，在脱硫系统检修开工前 30 天，进行修前参数测试。

检修前完成确认脱硫系统安全性和性能重要参数的测试，出具运行分析报告，可以准确地分析出设备（系统）修前存在的故障或隐患，为制订检修计划、检修项目、检修文件包、参与人员、物资采购、检修费用核算提供有效的依据；设备（系统）检修后的参数测试可以对比修前的运行状态参数，验证检修后设备（系统）的性能恢复程度，开展质量评估和检修总结工作提供数据支撑。

一、测试主要设备和主要参数

1. 主要测试设备

循环泵、清水泵、渣浆泵、搅拌器、真空泵、风机、磨煤机等转动机械设备以及其他影响系统运行性能的可量化参数的装置性设施。

2. 主要测试参数

龙源环保根据多年特许运维项目检修管理经验，针对脱硫系统设备修前（后）参数测试的具体项目做了系统整理，主要包括系统液位，设备振动、温度、电流、压力等影响设备出力的重要数据以及环保监督计测数据等。详见附录C、附录L。

二、完成修前参数测试数据报告

根据修前测试参数，分析设备（系统）存在的问题，提出运行维护检修建议。如：分析设备状态，提出拟不进行检修的设备；分析重点需要检修的设备；拟采用的检修技术；检修后设备预期应该达到的指标等。

三、数据测试注意事项

（1）保证修前、修后运行工况的相对一致，如：环境温度、机组负荷、吸收塔液位、浆液密度等。

（2）保证修前、修后测试的测试工具相同且唯一。

（3）测试同一设备时，应保证修前、修后测试位置的一致。

（4）测量设备做好定检或校准，确保功能正常、结构完好、电量充足，符合精准检测要求。

（5）测试参数记录时，记录所测试数据的最大值。

（6）测试系统、设备温度时，设备运行时间大于或等于2h。

（7）规范设备（系统）参数测试对安全作业、参数记录、数据记录的处理与存档等事项的要求并严格执行。

第二节　检　修　准　备　管　理

检修标准化管理贯穿检修的全过程，检修准备管理是检修标准化管理的基础和开端，直接决定着整个检修过程能否顺利开展，安全、质量和进度能否得到保障。检修准备管理的工作内容主要包括：编制准备工作计划，策划检修项目，制定检修目标，编制检修安全、质量、进度等管理文件以及技术文件，落实检修人员，落实检修物资及工器具，落实检修开工条件以及需要外包的工程项目等。

一、检修计划准备

检修计划准备是检修工作的首要环节，完善的计划是指导脱硫检修有序进行和规范化管理的重要依据，主要包括以下几个方面的主要工作：

（1）成立脱硫检修组织机构，经特许运维事业部批准，编写脱硫检修准备工作计划，经特许运维事业部审核，主管领导批准后执行。

（2）准备工作计划应该涵盖自本次检修项目组成立至检修开工前所有的计划准备工作，对所有准备工作内容进行指标分解，包括成立组织机构和制定职责、确定项目负责人、编写检修项目计划、编写检修文件包和技术措施、确定检修备品备件材料物资、落实检修队伍、核定检修工期、核对备品备件清单、安全监督、质量监督、文明生产监督、环保监督、物资保证、后勤保障等事项，为检修的顺利进行提供保障。

（3）组织修前人员培训。一般在修前20天编制完成《检修质量监督计划》和《检修管理指导手册》，并下发至检修作业班组，让检修人员对本次检修的内容、计划进度、作业过程中的要求、注意事项、项目责任人、考核规定等做到心中有数，在保证检修质量的基础上，强调规范个人的行为，增强员工的程序意识和规范意识，起到人人自觉遵守工期和控制检修进程的作用。

（4）各项目小组、外委单位应根据总体检修计划进度表和网络图编制本小组或单位的检修项目计划进度表和网络图。对设备需要做异动的项目，事前要按相关设备异动管理标准办理异动申请和审批手续。

二、检修项目编制依据

脱硫系统串联在锅炉烟气系统上，是机组整体运行的一部分，脱硫设备的可靠性、稳定性成为制约主机能否长期、稳定运行的重要因素，除了自身系统设备原因的检修计划之外，一般应根据主机检修计划来编制脱硫系统检修计划。

检修项目的类型包括标准项目、特殊项目、技改项目、技术监督项目等，检修项目计划编制的主要依据见表 3-1。

表 3-1　　　　　　　　　　　　　检修项目计划编制的主要依据

序号	内容
1	《燃煤火力发电企业设备检修导则》（DL/T 838—2017）
2	《火电厂石灰石 / 石灰 – 石膏湿法烟气脱硫系统检修导则》（DL/T 341—2019）
3	最近一次检修消缺中发现的问题
4	根据检修前测试参数偏离程度确定设备的维护检修等级
5	系统、设备的修前评估报告所列的问题的严重程度归类检修等级
6	运行中技术指标和安全运行分析的结果
7	运行中掌握的必须停机才能消除的缺陷
8	检修停机前检查发现的缺陷
9	安全措施和反事故措施计划
10	设备异动及技术改造项目
11	脱硫检修涉及的技术监督项目
12	经研究决定采纳的合理化建议和科技推广项目

三、检修作业文件包准备

检修作业文件包是设备检修管理的作业性文件，是将同一设备零乱的检修资料实现了集中统一管理，是检修工作实施的规范和依据，是经审核和批准且符合文档规范的文件集合，用来规范检修人员行为、克服检修工作的随意性，按照工作程序和要求以作业文件的形式加以体现，是检修工作人员完成指定的工作任务和全过程检修作业活动的书面文件的汇总。

根据确定的检修类型和检修项目，编写本次检修的作业文件包，内容包括检修目标、相关制度、技术文件等，一般在修前 30 天完成。工作时由检修工作负责人携带、保管、使用，按要求记录和补充有关文件内容，最终形成管理工作经验反馈及永久性的可追溯检修作业程序文件，促进了检修管理水平的持续改进和提高。

1. 检修文件包的编制

（1）编制原则。

1）一个设备一个作业文件包，作业文件包应具有针对性和指导性。与主设备相连的附属小设备可与主设备合用一个文件包。热工、电气控制部分可根据系统和设备类别进行归类为一个设备，但不宜包含过多设备，要使修后设备信息便于设备管理（如设备故障信息、费用、消耗材料的统计分析等）、便于分类归档、便于资源共享（如文件包"检修报告"可整体转为检修台账等）。

2）各项检修工序质量标准、质量控制过程严格量化，并按检修过程顺序将涉及的质量目标、检修任务、消耗性材料、备品配件、人力资源、工器具、修前设备状态评估、危险点分析、技术监督和反措项目、工序及质量标准等全过程检修环节和各管理物项，构成全过程的闭环管理。

3）标准检修项目，按照相关检修作业管理标准的要求，编制标准项目检修作业标准。根据主机检修作业标准编制脱硫系统设备的检修作业文件包（或作业指导书），要求检修作业标准、内容完整，格式规范，审批手续齐全。

4）特殊检修项目，对于第三方运营的单位需要业主方制定特殊项目技术方案，立项依据要充分，要有安全措施和质量标准，并经专题讨论后完成审批手续。施工单位在取得业主方经审批的技术方案后，应编制施工方案。施工方案必须获得业主方企业的批准方可使用。

（2）编制依据。

1）现行国家标准、行业标准和专业技术资料：如《燃煤火力发电企业设备检修导则》（DL/T 838—2017）、《电业安全工作规程　第1部分：热力和机械》（GB 26164.1—2010）等；设备检修规程；厂家图纸及说明书；技术监督、反事故措施、节能提效计划等。

2）根据检修工艺规程完成，制订标准项目检修作业标准及检修作业文件包（见附录M），技改、非标项目的三措两案（见附录N）。

（3）编写内容。检修作业文件包内容包括检修作业标准、检修工艺、管理性资料表单（检修项目清单、H/W点质量验收签证单、项目变更申请单、不合格项处理单、试转单、完工报告单、程序修改记录等）、管理程序和各类技术文件等，使检修标准化管理贯穿落实到检修的全过程，内容包含计划类、程序类、记录类、异常类四种类型，见表3-2。

表3-2　　　　　　　　　　　　　检修作业文件类型及内容

类型	内容
计划类	计划类的内容主要为工作说明，包括适用项目、工作票（或任务单）等安全许可、个人防护及其他工作条件、工器具及材料准备、风险分析和再鉴定等。在实施过程中根据实际情况，检修工作负责人可以增补动火作业票、射线票、临时措施票，以及在必要时根据新的工作情况对同一设备补充工作票
程序类	一般包括检修程序、质量计划、安全风险分析。必要时可以补充或增加设备改进及系统改进图纸、系统图纸、安全技术措施、调试程序或措施等对于检修任务针对性强，具有指导作用的程序

类型	内容
记录类	一般包括技术记录表、检修报告页。在特殊要求下，可以提供备品配件领料单、工日统计表、主材消耗记录等。记录表可以是单独的，也可以随工作过程附在工作程序上或合并在工作程序上，但均应考虑到在整理完工报告时，该页可独立使用。记录类表格的提供应充分考虑到现场的工作条件，不宜重复、烦琐，应简明清晰，必要时与图和标准验证合用。程序或记录表应明确验收技术要求和标准，并有 H/W 质检点的质量监督人员的签字栏
异常类	一般包括不符合项报告、事件报告单、程序修改记录及经验反馈记录等。其中应对不合格项报告的使用作出明确的规定，并将其作为独立的控制点列入质量安全计划中

（4）编写要素。

1）检修文件包封页：上部为文件包名称，应注明机组类型、机组号、检修等级、文件包编号、项目名称、设备名称；封面中部为检修作业文件包编写人员签名栏、安全生产审批单位及负责人签字栏、技术部分审批单位及负责人签名栏；封面下部为检修作业文件包使用单位和编写日期。

2）检修文件包清单：逐条列明检修文件包内所有文件的内容，至少包括检修作业标准、检修工艺、检修项目清单、检修工作任务单、检修准备工作、检修工序卡、H/W 点设置及质检验收签证单、检修记录卡、程序修改记录单、项目变更申请单、不符合项报告、试转单、完工报告、备品配件清单等。可使准备人员准备文件时不遗漏，也可方便工作负责人查阅文件包文件。

2. 检修工作说明

工作说明应在开工前准备好，内容一般包括设备名称、编码及位置、工作任务、工作内容描述、工作负责人姓名、施工单位、计划开工日期和完工日期、进行此项工作任务所具备的先决条件、风险分析和控制等，其中先决条件又分为一般性先决条件和特殊性先决条件。

（1）一般性先决条件。它是指进行该项检修活动所具备的先决条件。如要求进行浆液、水、气、电源等系统的隔离，排放余液、余水、余压等。

（2）特殊性先决条件。这是对进行该项检修活动所可能存在的潜在危险的一种补充要求，如吸收塔外设专人监护，进入吸收塔时测定含氧量，对设备清洁度等级要求较高的场所设置专门隔离区等。

（3）风险分析与控制。风险分析与控制给出了该项作业时可能发生的各种人身、设备风险及控制这些风险的应采取的安全措施。由与准备人员相同授权或更高授权的人员审核签字。

3. 资源清单准备

（1）主要包括备品配件、消耗性材料、工器具、测量工具、试验仪器装置等清单。

（2）主要备品备件的名称、规格、型号、数量等基本信息。

（3）提供相关图纸资料清单。

4. 简略工艺流程图

简略工艺流程图主要体现检修作业的主要阶段性工作。它有利于检修项目负责人掌握检修主要脉络，合理安排人员与工期。

5. 检修程序

检修程序涵盖脱硫检修的全过程，主要包括检修工序、检修工艺及质量安全计划等内容。

（1）检修工序。作业文件包的检修工序是从作业标准中导入的作业标准化信息，要按照检修工作的先后顺序，详细列出检修全过程作业。检修工序要细化、量化至检修过程的每道工序，杜绝漏项事件发生。

（2）检修工艺。检修工艺体现了标准化作业的核心思想，涵盖了作业顺序、作业方法、风险预控、技术指标落实等保证作业质量的重要内容。由有作业经验、熟悉设备的施工单位人员按照《检修作业标准》来写，通过安全生产部审核、批准后才能作为检修文件实施。

一般情况下由安全生产管理人员在检修前1~2个月将检修设备的检修作业标准提供给检修班组，由检修班组安排有作业经验、熟悉设备的作业人员在标准工序的基础上编写检修工艺内容，作为检修程序内容的组成部分。机组检修开工前15天，检修班组要把补充检修工艺后的文件包报送负责设备管理的专工并开始履行审批流程。

（3）质量安全计划。质量安全计划一般属于必备的文件内容之一，应根据检修工序、工艺及其他要求确定的控制点来制定。若编制复杂操作的质量安全计划，则应先确定总的关键步骤，围绕这些关键点设置相应的质量控制点。

质量安全计划的使用对象：实施中会存在人身伤害、设备损坏或其他潜在危险的安全风险等级较高的检修活动。一项设备或同一系统的几项设备同时进行的一系列检修活动。这些活动都由几道工序组成，接口较多，包括几个程序或涉及两个以上的专业所进行的检修活动。

质量安全计划的编制要求：等级检修开工前30天，由各专业专工负责编制质量监督H、W点计划，经审核、批准后，以文件形式下达给各有关单位（班组）执行；一般检修项目所确定的H、W点由本部门主管领导批准，部门下达质量监督计划。检修开工后7天，可根据设备解体后的实际情况，按规定适当调整补充质量监督计划，但变动不能太大。临时转等级检修的设备，必须在确定检修项目的同时编制质量监督计划。

质检点设置原则：在检修作业标准的编制中，要关注工序的正确性、质检点设定的合理性以及质量标准的明确性。其中质检点的设立是作业标准过程控制的关键，包括停工待检点（H点）、见证点（W点）。H点（停工待检点）设置规则见表3-3。

表 3-3   H 点（停工待检点）设置规则

序号	内容
1	工艺中关键质量因素必须控制的点，如一些重要的检测数据
2	易频发故障或重大缺陷的点
3	重点反事故措施项目
4	重点技改项目或特殊项目
5	保证设备安全的主要部件、部位
6	隐蔽工程项目隐蔽之前的检查
7	容器封盖前的检查
8	转动机械封盖前的检查
9	基础二次灌浆之前的检查
10	技术监督在工序管理中明确的受控点或管理监督点
11	W 点抽查不合格，质量检验人员（QC）将其升为 H 点

W 点（见证点）的设置原则：在一个工序内某一点认定是质量因素的点；上道工序转到下道工序的转换点；根据设备检修的实际情况设置 W 点，同一设备在不同检修场合可以设置不同工序 W 点。

6. 记录

检修记录的内容与格式具体要根据工作内容与形式来定，多使用表格和图表，必须做到格式视觉上简洁、明快、美观，内容上必须满足关键信息、指标性数据及时、正确、齐全。

7. 性能验证程序

修后要试转的设备，由技术人员在修前明确试转的有关要求，并在文件包内附上设备试转申请单。

8. 检修不符合项管理

等级检修过程中的不符合项主要指检修的工程项目不能达到验收标准或合同要求，检修过程中分项不能达到技术标准要求或规范要求，外加工的备品、备件不能达到设计要求或合同要求等。检修不符合项管理的主要工作为不符合项目识别与控制。

（1）检修过程不符合项的识别与控制。对检修工程项目完工检验时不能达到验收标准或合同要求的，质量检验人员（QC）应开具"不符合（不合格）处理单"，检修项目负责人或责任部门领导牵头对不合格项目的评审，并制定处置方式。检修过程中不能达到技术标准要求或规范要求的分项，负责设备的质量检验人员（QC）应填写"不符合（不合格）处理单"，并组织评审，确定处置方式；必要时上报检修项目负责人组织评审。

如果检修项目的不合格对环保装置的安全、稳定运行造成影响时，应返修或返工。如果检修项目的不合格不会对环保装置的安全、稳定运行造成影响时，经安全生产部总经理批准可让步接收。安全生产部应对有关设备的运行制定监控措施（如进行定期的试验、评价等）。安全生产部对评审、处置、试验、评价进行记录。对检修质量不符合要求而进行返工或返修后，职能部门应按规定要求进行重新检验或验证，确保返工或返修结果符合要求。

（2）外包服务不合格品的识别与控制。质量监理人员和项目负责人应对外包项目（工程）中的外包服务质量进行检查、监督，对外包中发现的不合格品应开具"不符合（不合格）处理单"，及时进行处置。外包检修发生严重不合格时，由安全生产部进行评审。评审后的处置工作由外包检修单位负责执行，并以书面形式反馈给安全生产部。

（3）外加工的备品、备件不合格品的识别与控制。对于外加工的备品备件、采购的物资的不合格品，一般作退换处理。如果因工期等特殊原因且其造成不合格的因素可监控，并不会对环保装置的安全、稳定运行造成影响时，可由质量检验人员（QC）填写"不符合（不合格）处理单"，可让步接收，并做好记录，必要时对不合格品的使用制定监控措施。检修责任部门应对"不符合（不合格）处理单"的执行情况进行跟踪检查、验证、考核。对不合格品多次发生或性质严重的，相关责任部门和人员应按《质量管理体系 GB/T 19001—2016 应用指南》（GB/T 19002—2018）的规定，进行原因分析制定并实施纠正措施。相关部门和人员开具的严重"不符合（不合格）处理单"应分发至总经理、安全生产部、综合部。任何不合格品的处置，都应得到记录和保存，有关记录的归档按《档案管理》（Q/TX 2076—2021）的规定执行。

9. 重大缺陷处理程序

发现重大缺陷时，立即通知安全生产部专工到达现场进行确认。专业组织召开会议讨论处理方案，并填写异常、不符合项报告单。对重大缺陷每天应在检修协调会上进行通报，由检修现场指挥组提出指导性意见。如果是影响机组工期或需要外协技术支持的重大设备缺陷要在当日将缺陷情况上报至上级公司。重大缺陷处理必要时应编制符合处理需要的处理方案。方案经审批后方可进行消缺工作。缺陷处理结束后按质量管理及验收程序中的有关流程进行验收。对重大缺陷应由专业进行统计并及时上报。

10. 注意事项

（1）检修文件包编写要合理分包，达到分类存档、资源共享目的。文件包原则上是一个设备对应一个作业文件包，与主设备相连的附属小设备可与主设备合用一个工作包。热工、电气控制部分可根据系统和设备类别进行归类作为一个设备，但在文件包中应分别体现各自检修工序。

（2）"检修报告"部分在检修结束后，作为整体技术资料转入设备检修台账，减少修后人为手工填写、输入设备台账的烦琐，实现检修资源共享，提高工作效率。

（3）检修文件包编写过程中，作为主体的检修程序应尽量细化、优化工序，真正实现检修过程工序化、标准化，以规范检修作业，避免漏项、跨项事情发生。

（4）检修记录要严格按照检修工序的顺序进行编排，要尽量实现表格化，要有"标准值"和"实测值"。

（5）检修文件包编制、使用应注意实现闭环管理，如技术监督项目一定要有技术监督结果通知单或技术监督报告，质检点要有质检验收单，反措计划要有反措回执单或执行结果等与之对应。

（6）检修作业鼓励实行"一包一票"制，即一个检修作业文件包对应一张工作票，应涵盖检修作业的所有内容，满足检修管理的所有要求，以减少作业性文件，优化管理流程。因此，文件包编制时，检修项目实施的技术措施、安全措施、组织措施应纳入文件包统一管理。

（7）实际检修工作中严格控制每道工序完成后的打钩确认，严禁集中打钩或事前打钩。

（8）检修文件包数据填写应注意前后呼应，如"检修报告"页中更换备品、消耗性材料数量、人工工时要与支持页"更换备品统计""消耗材料统计""实际人工工时统计"页数量前后一致，业主方要有相应监督人员跟踪检修进程，对上述检修过程实际消耗的人工、材料数量进行校核，并充分利用"质量缺陷报告""不符合项报告"的手段，实现检修费用良好控制。

（9）检修过程中设备管理部门点检员应督促承包方工作负责人及时填写文件包"检修报告"页"信息反馈"栏内容，便于文件包进行持续改进、提高。

11. 检修文件包执行

经审批的作业文件包盖上"启用"章，由安全生产部下发到检修项目负责人之手开始，理论上即进入了检修作业文件包的执行阶段。文件包执行主要包括：接收、开工、工作实施、质量鉴定、记录、文件包整理、文件包验收与关闭等内容。

检修文件包的执行步骤及工作内容见表3-4。

表 3-4　　　　　　　　　　检修文件包的执行步骤及工作内容

序号	步骤	工作内容
1	接收	工作负责人接收文件包时，应核查清单内文件齐全无误后再签字；质控人员修前根据质量计划要求先检查文件包，确认文件包文件齐备后，才能签字允许开工
2	开工	开工条件具备时，专工负责检修工作票签发。工作负责人办理检修工作票，做好检修准备工作。检修开始前要对有关安全风险分析和预防措施进行确认，并对文件包中的开工前准备工作进行确认，尤其要做好有限空间、可能有毒有害物、缺氧场所工作前的危害物测定确认工作

序号	步骤	工作内容
3	工作实施	工作开始后，工作负责人要严格执行文件包有关规定，详细、认真、真实地填写文件包要求填写的内容。 检修过程中严格按照检修工序、工艺执行，防止检修工序漏项、跨项事件发生，确保工艺正确、到位。每完成一道检修工序都要及时在相应的工序前进行确认打钩，严禁在工序进行前或整个检修完成后集中钩
4	质量鉴定	H、W 点作为检修文件包内容交工作负责人执行。在 H 点上务必停工待检，由质量控制人员现场验收合格后方可签字放行，允许工作负责人在质量控制人员的同意下绕过 W 点，事后由质量控制人员查看检修自检记录，补行签字手续。 （1）H、W 点应首先由工作方自行进行验收，验收合格后才能填写"检修质量检查通知单"，申请相应 QC 人员进行验收。如属外委项目，工作方的自行验收即为外委单位的质保体系验收，只有通过自身质保体系最终验收合格后，才能提请安全生产部相关人员进行验收。 （2）所有 H、W 点都应按作业标准及本管理程序要求经过相应的验收，任何工艺中的质监点只有经过验收合格后方可进行下一道工序。其中 H 点必须停工待安全生产部指定 QC 人员进行验收；W 点可由安全生产部指定 QC 人员视具体情况选择参加，但若决定不参加应委托工作负责人按有关规定进行验收。 （3）工作方人员应认真填写"检修质量检查通知单"，并由相关 QC 签收后才有效。 （4）公司内检修项目的"检修质量检查通知单"由检修工作负责人填写，专工或班组长签发，重大或非标项目由安全生产部经理签发。外委项目"检修质量检查通知单"应由外委单位经授权的质量检验人员签发。 （5）H 点验收必须提前 16~24h 通知相关人员；W 点验收必须提前 8~16h 通知相关人员。 （6）所有 H、W 点的验收都应由相关人员填写"质量监督点签证单"并同时按有关规定做好安措。 （7）H、W 点验收时，工作负责人、专工、QC 人员应同时到场，由 QC 人员进行复查、复验、确认。 （8）如发现不符合作业标准和其他有关规定的要求，QC 人员可按向工作方（乙方或安全生产部）发出不符合（不合格）项报告，提出整改要求，同时决定是否停工整改或继续下道检修工序。有关不符合项的考核执行相关检修管理规定。 （9）任何检验的记录都应予以记录，签证单不应涂改、空项，其中技术数据应及时记录在作业标准的记录卡中。 （10）"质量监督点签证单"及发生的不符合项报告单应随作业标准一起归档、关闭
5	记录	所有记录必须按照文件包要求仔细、认真、真实、完整地加以记录
6	文件包整理	（1）手签工作确认整理：对所有要求的签字确认无遗漏。 （2）关闭后的"质量缺陷报告""不符合项报告"、设备再鉴定单附在文件包内。 （3）如有文件包修改申请，需在文件包内
7	文件包验收与关闭	工作负责人应在设备再鉴定结束后 24h 内，填好检修总结或检修报告，并将文件包送设备管理部门审查签字认可后，由设备管理部门点检员负责关闭文件包，并归档

四、检修工器具准备

检修工器具是指在检修工作过程中用以协助检修人员达到某种目的的物件，是检修必备的辅助手段，其可用性高低对提高检修效率、保证检修质量发挥着重要作用。类型主要包括：安全工器具、起重工器具、计量工器具、电气工器具。

1. 检修工器具准备工作基本要求

（1）脱硫检修开工前 30 天前，检修部门应根据本次检修的项目、内容、安全技术措施以及劳动保护的要求，编制检修专用工器具、安全用具、常用工器具、特种设备使用计划。

（2）检修部门并对照检修工具的台账检查存放位置、数量和使用状况，对数量不足的进行补充。

（3）安全工器具、常用工器具、试验仪器、特种设备等需按规程或规定要求进行安全检查、试验，对存在的缺陷及时进行修理。

（4）对于所用仪器仪表、安全工器具、特种设备等均需有合格证书、试验报告或检测报告，并进行标识，合格后方能使用。

（5）检查检修期间计量标准器具应在有效周期内，超出有效周期的器具要及时送检。

（6）特种设备需进行定期检修、机动运输车辆需进行全面检查和保养。

（7）对外委项目承包方自备工器具要按相同的标准进行检查落实及验证，并提供有效的证明并备案，不合格的工器具不允许进入检修现场。

（8）外委单位向业主借用的检修工具，必须自行验收合格方可使用。

2. 检修工器具类型及管理要求

检修工器具类型及管理要求见表 3-5。

表 3-5　　　　　　　　　　　　　检修工器具类型及管理要求

类型	管理要求
安全工器具	（1）所有的安全工器具应由使用的班组指定专人保管，应建立安全工器具登记台账，做到账物相符，一一对应，制定使用和操作规定，并正确、及时地记录安全工器具检查情况。 （2）安全工器具的使用和操作规定中应明确允许使用的额定范围，正确使用或操作的方法，使用前检查和使用中注意事项等。 （3）安全工器具的保管人应做好日常定期检查、维护和保养工作，防止变形、锈蚀和损坏，做到清洁、完好，并做好定期送交试验工作，以确保在试验周期内合格使用。 （4）现场使用的安全工器具必须是经过检查和试验合格并贴有有效合格标志的；受损、受潮、不完整、不合格或超试验周期，无有效合格标志的应另外存放，做出标志，停止使用。 （5）现场使用安全工器具应根据不同的工作环境、工艺要求、工作负荷、电压等级合理地选用安全工器具，严禁超铭牌使用，使用前检查其完好程度和检验周期，使用中应遵守有关使用、操作规定及《电业安全工作规程　第 1 部分：热力和机械》（GB 26164.1—2010）。 （6）凡不熟悉安全工器具使用、操作方法的人员不准使用安全工器具。 （7）安全工器具定期试验规定按《电业安全工作规程》的要求实施。 （8）机组检修前应对安全工器具做一次全面检查

续表

类型	管理要求
起重工器具	（1）项目公司安全生产部应指定专人负责起重工器具的管理，并制订操作规程。 （2）起重工器具应建立安全技术档案，包括：设备出厂技术文件、安装检修维修及检查记录、安全技术监督检验报告、设备缺陷和不安全情况记录、设备分级台账等。 （3）起重工器具必须向地方质量监督部门申请，经检验合格，取得起重机械使用合格证，方可使用。 （4）起重工器具在作业前，应进行例行检查。使用中发现异常情况时，必须及时处理，严禁带病运行。 （5）起重工器具由领用的班组指定专人负责，制订使用规定。 （6）班组应将起重工器具登记在册，做到账物相符，一一对应，并正确、及时地记录起重工器具检查、检验情况。 （7）起重工器具的保管人应做好日常维护和保养工作，防止变形、锈蚀和损坏。做好定期检查工作并定期送交检验，确保在检验周期内合格使用。 （8）各类起重机具，严禁超额定使用。使用前检查其完好程度和检验周期，使用中应遵守有关使用、操作规定及《电业安全工作规程　第 1 部分：热力和机械》（GB 26164.1—2010）。 （9）使用起重机具的作业人员必须持有地方技监部门考核后签发的安全操作证。严禁无证人员从事起重作业。 （10）现场使用的起重机具必须是经过检查、检验合格并贴有有效合格标志的；不合格的应做出标志，停止使用。 （11）机组检修前应对所有起重机具做一次全面检查，在修前 10 天项目的检修工具必须落实
计量工器具	（1）应建立计量工器具台账和历史记录卡。 （2）属强制检定的计量工器具均执行强制检定。 （3）确认间隔不超过规定的期限，属于强制检定和最高标准器的确认间隔严格按国家计量检定规程要求执行。 （4）计量工器具应有明显的状态标识。 （5）检修前应对所有计量工具做一次全面检查，确保处于完好状态
电气工器具	（1）电气工器具应由使用的班组指定专人保管，应建立电气工器具登记台账，并制定使用和操作规定。 （2）电气工器具登记台账兼定期检查表，并由单位安监部统一制订，每一种电气工器具均须登记在册，做到账物相符，一一对应，并正确、及时地记录电气工器具检查情况。 （3）电气工器具的使用和操作规定中应明确允许使用的额定范围，正确使用或操作的方法，使用前检查和使用中注意事项等。 （4）电气工器具的保管人应做好日常定期检查、维护和保养工作，并做好定期送交试验工作，以确保在试验周期内合格使用。 （5）现场使用的电气工器具必须是经过检查和试验合格并贴有有效合格标志的，否则停止使用。 （6）现场使用电气工器具应根据不同的工作环境，工艺要求，工作负荷，电压等级合理地选用电气工器具，严禁超铭牌使用，使用前检查其完好程度和检验周期，使用中应遵守有关使用、操作规定及《电业安全工作规程　第 1 部分：热力和机械》（GB 26164.1—2010）。

续表

类型	管理要求
电气工器具	（7）电气工器具的定期检查工作由保管班组自行实施，定期试验工作由设备管理部电气专业统一负责，并建立全单位的电气工器具试验台账，负责统一编号；对全单位电气工器具定期试验做出计划，发合格证，做出检修或申请报废等处理；对到期未能送交试验的班组加以督促，确保试验工作按周期按要求进行，无一遗漏。 （8）电气工器具定期检查规定根据安全生产部统一制定的检查表进行，定期试验规定按《电业安全工作规程　第 1 部分：热力和机械》（GB 26164.1—2010）的要求实施。 （9）检修前应对电气工器具做一次全面检查

五、检修人员准备

脱硫设备检修是一项跨专业、跨工种、多部门、多人员参与的系统工程，检修人员的管理行为和作业行为，对检修全周期的质量、安全、进度有直接的影响，成立检修组织机构、明确机构职责、确立检修队伍是检修人员准备的主要工作。

检修组织机构包括检修领导小组和检修工作小组。检修领导小组组长由检修作业公司经理担任，其他领导由公司副经理和负责生产技术管理、运行管理、检修管理、安全环保管理、计划经营管理的部门领导担任，全面领导及组织检修工作，对检修的准备、组织、实施和总结进行总体协调，对检修中存在的重大问题及时进行决策。检修工作小组成员由参与检修的各相关职能部门组成，各部门领导为各职能小组组长负责各部门的职能管理，包括安全管理、质量监督管理、合同管理、备品备件物资供应管理、文明生产管理、环保管理、消防、保卫、后期保障等部门，对检修过程中进行具体协调，及时解决检修过程中遇到的问题。

由于检修涉及设备、系统较多，工作种类繁杂，工作量大，检修队伍除了管理人员还必须有足够的专业检修人员作为检修技术的实施者，是检修工作实施阶段的技术负责人，此外还有配合专业技术人员一起参加检修的检修人员，称为实施检修作业的个体。对于外委项目的检修队伍，要审定单位资质符合要求，作为检修人员的一部分，一并纳入检修管理体系进行监管。

所有检修人员做到职责明确、分工清晰、各司其职、接口严密、信息通畅，检修工作才能有条不紊地有序进行，具体应做好以下几项工作：

（1）检修前应组织检修作业人员、特殊工种人员（包括外借、外包人员）进行技术培训和安规考试。

（2）特殊工种人员如焊工、起重工、架子工等应持证上岗，外委队伍焊工在施工前必须通过本企业的内部考试。

（3）根据检修项目要求，确定检修项目的施工和验收负责人。

（4）组织检修作业人员包括外委人员进行修前技术、安全交底工作，标准项目按作业标准进行，特殊项目按技术方案和作业指导书进行，使参加检修的作业人员明确检修项目、任务、技术措施和工艺要求、质量标准、安全措施和注意事项、工期要求等具体事项。

（5）安排落实检修期间检修人员包括外委人员的食宿、交通、医疗、现场供水等生活后勤工作，为检修人员创造良好的作业环境与起居环境。

（6）对外委检修队伍的劳保用品进行要求并检查是否处于完好状态。

（7）落实有关检修后勤保障、宣传报道、劳动竞赛等有关事项，形成上、下齐抓共管的良好氛围。

（8）检修前进行工作动员，对工作进行部署和安排。

六、检修技术资料准备

检修技术资料准备是检修全过程规范化管理的重要基础工作，技术资料的规范与完整性是企业管理水平的重要表现之一，包括检修技术资料的自查、检修技术资料建档和归档管理要求。

1. 检修技术资料的自查

在检修准备开工前，检修部应对检修文件包、检修管理制度、检修网络图、检修安全措施、质量监督 H/W 质检点、重点项目技术措施和方案、设备异动申请单、设备停运计划、检修队伍、服务应急、消防、医疗、后勤保障等相关文件进行一次自查，进行查漏补缺。

2. 检修技术资料建档和归档管理要求

（1）建立健全技术资料管理制度。

（2）完善管理组织形式和管理职责，明确检修中应建立和归档的资料目录和规范化要求。

（3）对有外包检修项目的单位，要明确提出业主方和承包方在资料建立、内容及移交等方面的规范化要求。

七、检修准备工作的检查与确认

检修项目负责人应组织有关部门和检修工作小组在检修开工前 1 个月和 15 天分别对检修准备情况进行检查，并落实各项准备工作，确保检修工作能顺利展开。

1. 检查项目及主要内容

检修准备工作检查项目及主要内容见表 3-6

表 3-6　　　　　　　　　　检修准备工作检查项目及主要内容

序号	项目	内容
1	检修项目计划与措施的检查	检查检修项目、技术监督项目、隔离安全措施、检修文件包落实情况等
2	检修外包项目落实情况检查	检查承包单位情况、手续办理情况等
3	物资准备工作检查	按检修项目和备品清册进行检查

序号	项目	内容
4	检修机具、测量器具试验情况检查	按试验记录检查实物,测量器具标定应在一个检定周期内
5	安全工器具及起吊装置试验情况检查	检查安全带、行灯、电动工具、行车、桥吊等经试验,并应有试验合格证
6	机动车辆检修(保养)检查	有机动车辆检修(保养)记录
7	高压焊工练习情况检查	由金属监督人员出具的焊工试样合格证明
8	各专业(监督)检修记录表格准备检查	按技术资料管理规定格式准备齐全
9	人员培训、考试	在检修前检修人员安全技术培训、检修工艺规程、检修作业文件包、工艺纪律等学习、培训情况,工艺纪律、安全规程、检修工艺规程的考试情况,做到不合格不上岗
10	检修劳动力平衡检查	按计划项目、工时定额,检查劳动力是否合理平衡(包括外包项目的负责人员)

2. 检修准备汇报

检查完检修项目与内容后,检修工作组要就检查情况向组长进行汇报,主要包括以下几方面的内容:

(1)汇总检修准备工作各项内容中的合格项、存在的问题、对存在问题的拟解决方案。

(2)汇报设备运行、检修人员在检修前排查出的新问题、新缺陷以及对应的拟采取技术措施、可能对检修进度造成的影响。

(3)汇报新发现的重大缺陷项目以及可能对检修工期的影响,提出拟采用的技术措施,并编制详细的检修进展网络图。

3. 检修准备的确认

在检修开工前 30 天,检修部在自查准备情况均已完成后,由检修部负责向生产管理部提交检修准备工作情况汇报材料,生产管理部组织对修前各项准备工作开展情况进行复查、审核,并就检修准备情况向主管领导进行汇报。

(1)检修技术资料的复查、审核、确认、发布。脱硫检修开工前 15 天,生产管理部门应对检修技术资料进行复查、审核、经主管领导审批后进行发布,内容包括检修项目、检修任务、检修目标、检修工艺、检修工期、检修组织机构、修前分析概况、检修进度网络图、检修管理制度、服务应急指南、检修主要参与人员通讯录、医疗、保卫、消防等联系方式等内容。

(2)对检修准备工作中发现的新问题、新缺陷进行复查,对检修部门提交的新增检修项目、技术措施和检修工时进行审核,对检修项目进行调整,经主管领导审批后进行发布。

（3）对备品备件及材料的订货到货情况进行复查并确认，并及时补充采购检修备品备件。

（4）对检修工器具、保障设施的检修、维护、保养、标定情况进行复查并确认。

（5）对安全、质量、文明生产、环保监督制度和人员到位情况进行复查和确认。

（6）对检修队伍人员培训、考试合格情况进行复查并确认。

4. 制定质量控制和验收标准及考核机制

严把检修全过程质量控制和高标准验收，是保证修后设备长期、稳定运行的重要环节，制定考核机制是修后质量追溯的依据，对检修设备质量进行追踪是确保检修周期设备可靠性的重要保证。

（1）制定三级质量控制和验收标准，成立验收小组，明确验收人员职责。

（2）建立检修考核机制，明确在设备检修试运和运行过程中出现异常情况的考核标准。

（3）根据设备运行情况和修前评估结果，生产管理部与检修部门、外包部门签订检修质量目标责任书，作为检修质量目标考核依据之一。

八、检修开工报告

在检修开始前1周，检修部门应组织全体参修人员对检修管理规定、检修文件包、技术措施进行再培训，使检修人员更加明确检修工作内容、检修程序、检修工艺、检修进度、工作风险、安全措施、质量控制和验收标准，提升检修人员的认知水平，规范检修人员的管理行为和作业行为，为检修工作的顺利开工做好准备。

生产管理部组织检修相关部门召开修前动员会，进一步明确目标和要求，并负责向上级主管部门上报脱硫检修开工报告，汇报检修项目、检修目标、检修工期等，明确检修准备工作结束，具备检修开工条件，提请上级主管部门批准。

检修开工报告详细内容参见附录F。

第三节　检 修 过 程 管 理

过程管理主要是运用实践方法、工具和技术通过策划、控制和评价，以及改进提高，达到高效、高质的预期效果的过程，包含过程策划、过程实施、过程监测检查、持续改进提升等环节。脱硫检修过程管理是建立组织机构，明确职责分工，有效协调推进，实现脱硫设施检修的安全、质量的有效管控，是整个检修标准化管理的重要组成部分。检修过程实施环节主要可分为五部分，分别是检修安全管理、检修现场管理、检修质量管理、检修进度管理。

一、检修安全管理

安全管理是脱硫检修过程管理的重中之重，坚持"安全第一、预防为主、综合治理"

的方针。脱硫系统检修具有人员、作业量高度集中，大量交叉作业、高空作业、防腐作业、动火作业、起重作业等特点，还有高电压、易燃作业环境，存在高空坠落、坠物、触电、火险、起重伤害等风险，要采用有效的措施对现场作业过程风险进行预控，实现检修作业安全。

1. 现场安全管理基本要求

（1）防止触电风险的控制。

1）检修电源管理。检修电源与临时检修电源箱、柜实行统一管理。需要临时在现场敷设、增设检修电源的，应履行审批手续。申请写明使用地点、需要的负荷量、使用时间、申请使用单位及特殊要求。施工过程要办理工作票，增设完毕且验收合格，由增设负责人在检修电源箱上张贴"临时电源使用准用证"。外委单位的检修电源箱、电源控制柜实行统一的入厂检查准用制，即特许项目公司对外委单位送交的经过自检合格的检修电源箱进行核查，并在原合格证旁张贴专用"临时电源使用准用证"。任何单位的检修用电一律在专门检修电源箱接驳，非检修电源箱不得擅自接驳检修用电。

在运行部门管辖的 MCC 配电盘、备用开关、插座电源开关箱等设备上驳接临时检修电源的，应由增设负责人向运行当值提出申请并许可后，方可进行敷设、增设工作，并在该开关上设置"临时检修电源"标志牌。临时检修电源使用完毕，使用负责人应及时通知原增设负责人进行拆除。在运行管辖的设备上拆除临时检修电源的，应当按工作票程序进行，征得运行部门同意并由运行拉电后方可进行工作。

工作负责人应每天在开工前对临时电源线及箱体进行检查，如有电源线护套破裂、绝缘损坏、保护线脱落、插头插座松动、开裂或其他有损于安全的不安全情况发生时，应当及时停止使用，进行修理，在未修理前，不得继续使用。每日使用结束时，工作负责人应当及时关闭临时电源箱中的总进线开关，分开各支路开关及拔掉所有插头，锁好箱门。

使用电源时，插座电源（380V、220V）应当使用相应的插头，严禁用导线直接插入孔内获取电源或私自直接接在开关端子上。任何人不得将接地装置拆除或对其进行任何工作。

户外临时电源箱或其他易被水淋到的区域，应增加电源箱的防雨、防水、防风等措施。临时电源线不准接触热体，严禁放在潮湿地上。外接临时电源时，应使用箱体上的外接插座，确需电源箱内部接线的，必须从检修电源箱下部穿线孔进出线。

临时电源线一律使用胶皮电缆线，严禁使用花线和塑料线。电缆线一般应架空，室内架空高空应大于 2.5m，室外架空高度应大于 4m，跨越道路架空高度应大于 6m。不能架空时应放在地面上，做好防止碾压的措施。严禁将导线缠绕在护栏、管道及脚手架上。现场用电设备的电源引线长度不得大于 5m，距离大于 5m 时应设规范的电源连接盘，其连接盘至固定式开关柜或电源箱之间的引线长度不得大于 50m。所有的电源连接盘必须配备触电保安器并张贴绝缘合格、漏电保护开关合格证和入厂准用证，"三证"缺一禁止使用。

2）电焊机、电气工器具管理。等级检修所使用的电焊机、电气工器具应检验合格，贴有检验合格证，并在有效期内。外委单位的电焊机、电动工器具，实行入厂检查准入制度，自行（或委托）有资格检验单位自检合格，并标识完好，开工前应提前向项目公司申请办理焊机、工器具入厂准入手续。将焊机、电动工器具统一运到项目公司，并提交所有被检工器具清册，清册中应标明各工器具的名称、规格、数量、检验单位、最近一次检验日期及有效期等。

项目公司按外委单位提交的焊机、工器具清册进行核对和必要抽检，抽检时，各类型按比例一般不小于 30%，最少不少于 10 件，不足的进行全部抽检。抽检合格的批次焊机、工器具，由电厂安全监察部统一发放电气工器具"准用证"；准用证张贴在原检验合格证旁，准用证的检验有效期仍为原外委项目承包商检验有效期。抽检中如发现有不合格的，一律清退出厂，如发现有被抽焊机、工器具的一半以上不合格的，本批次所有焊机、工器具一律清退出厂，由外委单位重新自检合格后，方可再次办理。焊机入厂检查时，应同时提交焊接线、焊把钳等辅助工具。

电焊机、电气工器具安全标志齐全完好，按照《电业安全工作规程　第 1 部分：热力和机械》（GB 26164.1—2010）规定规范使用。

（2）防止火险的措施。

1）动火作业。动火作业必须办理动火工作票，工作票"三种人"、消防监护人员认真履行好各自的安全职责。严格执行动火工作票押回制度，工作许可人做好对押回工作票重新许可前工作条件确认。动火工作结束后，动火工作负责人和动火监护人必须认真清理动火现场，消除火险隐患，并与运行许可人共同确认一切正常后才能离开动火现场。在氨区、油库等地点工作时，工作许可人、动火工作负责人和动火监护人定期对现场可燃气体浓度进行检测。焊接、气割特种作业人员必须持有效证件，动火前，动火工作负责人必须对焊接、气割作业人员的持证情况进行检查、确认。

脱硫系统脱硫吸收塔本体、防腐烟道、除雾器、事故浆液罐为一级动火范围；油系统、电子电缆室、真空皮带机、聚乙烯及聚丙烯材质浆液系统箱罐、衬胶管道等为二级动火范围。执行动火工作票制度。一级动火要编制动火方案，方案中要明确动火设备隔离、介质置换、对动火设备和动火环境可燃气体定期检测等措施。动火前，工作负责人要逐项落实并确认方案中的安全措施内容，并向动火人员实施好安全交底工作。

动火作业前，动火工作负责人应对动火区域进行检查，及时清理动火点下方、四周火星可能溅到区域的易燃物，易燃及重要设备且不能转移的，则在落实好防火星溅落措施。动火点附近电缆桥架、电气设备、控制柜、皮带等易燃及重要设备上应铺上防火毯，覆盖范围应大于动火范围；凌空临边设备动火，动火下方应搭设脚手架，脚手架上铺满防火毯，派专人监护。使用切割机、磨光机等火星飞溅范围广的作业，周围必须设置挡火星的措施。

动火作业前，动火工作负责人应检查电焊机及其引线导线无裸露、接地线按规定接好；乙炔、氧气瓶应分开放置，两瓶距离不得小于5m，与明火距离不得小于10m，并与固定构件绑捆牢固上，必须有防火、防晒措施；气路连接牢固，皮管无老化、断裂、泄漏。乙炔瓶出气皮管应装设回火阻止器，表计应准确可靠；导线、皮管不得互相纠缠在一起。

电焊机的接地线应接在需焊接的同一设备上，距离不超过1m，特殊设备、区域需要集中接地的，必须向安监部门申请备案；禁止用铁棒等金属物代替，禁止就近在格栅、栏杆等设施上接地。

2）防腐作业。吸收塔、AFT塔、烟道、浆液箱罐、管道等设备防腐作业时必须办理单独的工作票。防腐施工队伍应持有施工资质证书和安全生产许可证书，必须配置专职安全员；防腐作业人员要了解所使用防腐材料的特性和防火防爆规则，掌握消防灭火技能，熟悉现场的逃生通道。防腐作业期间配置专职防腐监护人进行全过程监护，直至防腐涂层完全凝固后方可离开，监护人随身携带灭火器。

同一设备、同一区域内，防腐作业和动火作业严禁同时进行。防腐作业工作票许可前，运行人员必须对防腐作业设备及区域内设备动火票办理情况进行检查，如动火工作票已许可的，防腐作业工作票许可前，动火工作票必须终结。防腐作业工作票许可后，同一设备、同一区域内严禁许可动火工作票。防腐工作结束后，需要动火的，则在满足动火条件的情况下，按照工作票管理制度办理相应等级的动火工作票。

防腐作业期间，施工作业区域做好通风，作业区域内温度、湿度、可燃气体浓度、有害气体浓度应在作业前30min进行检测，检测合格后方可进行施工。作业期间需间隔2h进行定期检测，检测数值不符合施工场所要求时，应禁止施工作业，人员及时有序撤离，采用强制性持续通风措施降低危害，保持空气流通，再次检测合格后方可继续施工，且严禁用纯氧进行通风换气。作业点要悬挂"防腐施工，严禁动火"醒目的警示标识。作业现场防腐场材料应一日一清，严禁堆放防腐材料。

（3）防止起重伤害的措施。

1）起重人员（指挥、司索、司机）必须持有效证件。重大、特殊的起吊起重作业，要编制起重作业指导书，起重作业指导书内容主要包括：起吊设备重量、吊装方式和程度、所使用的设备和工具及其规格、安全注意事项等。起重作业过程中，必须严格遵守起重机械安全操作规程，并做到"十不起吊"规范。

2）起重作业前，要建立起重作业区，按检修作业区设置要求进行管理。无法建立起重作业区时，应设专人监护，禁止无关人员进入作业现场。起重作业行走前应选择行走路线。行走路线应选择在无重要设备、无人员作业区域。起重负责人在作业前应组织对起重机具进行检查。如：限位器、制动器、液压系统和安全装置、吊钩、钢丝绳、夹头、卡环等，确保其安全性和可靠性。使用电动葫芦前，必须检查拖挂线、按钮等的绝缘情况，确认行走方向、上下方向及限位装置是否正确后方可使用。如有问题，应及时向许可人反映、修复。

3）起重作业应专人指挥，指挥信号按照《起重机手势信号》（GB/T 5082—2019）执行。当指挥人不能同时看清司机和负载时，必须增设中间指挥人员进行传递信号，起重指挥应佩戴专门起重指挥袖标。起重行走时，由指挥人员跟随起重行车或车辆协调、指挥。严禁在吊物下方站人、行走或通行；严禁吊物长时间停在空中，设备起吊状态下进行检测、找中心等工作，下方必须设置牢固支撑。

4）在架空电力线路或裸露带电体附近进行起重作业，起重机械设备（包括悬臂、吊具、辅具、钢丝绳）及起吊物件等与带电体最小的安全距离符合《电业安全工作规定》，带电设备应停电。

5）使用手拉葫芦作业时，起吊支承点承重应符合荷重要求，管道、栏杆、脚手架、设备底座、支吊架等禁止作为起吊支承点。电梯、吊笼、炉内升降平台必须按规定使用，吊笼严禁载人。

（4）防止高空坠落风险的措施。

1）高处作业。高处作业必须有固定的工作平台或搭设脚手架，并定期进行检查。高处作业人员必须按规定系安全带，安全带应完好、检验合格并在有效期内，安全带必须系在牢固的构件上且高挂低用。在屋顶、杆塔、吊桥及其他危险边沿进行高处作业，临空作业的一面按要求装设安全网或防护栏杆。站在梯子上工作应有人监护和扶好梯子。

高处作业时工器具应绑扎使用，物品、物件应放置牢固。较大的工器具应用绳拴在牢固的构架上，不准随便乱放，以防止高空坠落。高处作业传递材料和工具因使用专用袋，使用绳索时应捆扎牢固，散件吊装应采取防散落措施，禁止上、下抛掷物品。可能造成高空落物的下方应设置围栏和安全标志，并设置监护人。

在6级以上的大风、一级暴雨、打雷、大雾等恶劣天气，应停止露天高处作业。

2）脚手架管理。生产现场1.5m以上长时间工作的场所应搭设脚手架。超高、超重、大跨度的脚手架搭拆应编制专项安全专项施工方案。脚手架整体应稳固，在电气线路和设备附近搭设应采取安全措施，保持足够的安全距离。脚手架（移动脚手架）的搭设和拆除必须符合《电业安全工作规程　第1部分：热力和机械》（GB 26164.1—2010）和《电力建设安全工作规程　第1部分：火力发电》（DL 5009.1—2014）的要求。扣件钢管脚手架的搭设必须按《建筑施工扣件式钢管脚手架安全技术规范》（JGJ 130）的要求执行。

脚手架应满铺，不得有空隙和探头板。脚手架与墙面的距离不得大于20cm。脚手架的外侧、斜道和平台应搭设由上而下两道横杆及围栏组成的防护栏杆，上杆离架子底部高度为1.05～1.2m，需要设置安全网的应设置安全网。用垂直爬梯时梯档应固定牢固，间距不大于30cm，不得在梯子上运送、传递材料及物品。光滑的地面上搭设脚手架，必须铺设胶片等措施防滑，格栅平台上铺设防止塌陷的平板，在较松软的地面搭设时应事先夯实、整平。

脚手架搭设完毕，自检合格后填写脚手架搭设信息标牌（合格证），签署自检意见，使用部门验收合格后，在脚手架搭设信息标牌（合格证）相关信息，签收验收意见。高度超过 6m 的脚手架，还需要安全监察部参与验收。脚手架信息标牌（合格证）由搭设部门悬挂，工作负责人使用前，进行检查、确认，在验收合格证上签字方可使用，工作结束后，搭设部门按照安全管理要求拆除脚手架，收回脚手架信息标牌。脚手架搭设信息标牌为不锈钢材质，尺寸为 25cm×38cm，内容及式样内容应包含工作内容、搭设地点、搭设班组、载荷重量、搭设日期、搭设负责人和验收人。

（5）有限空间作业风险控制。

1）有限空间是指封闭或者部分封闭，与外界相对隔离，出入口较为狭窄的作用场所，如吸收塔、烟道、磨煤机筒体、各类箱罐、地坑、管道等内部作业。自然通风不良，易造成有毒有害、易燃易爆物质积聚或者含氧量不足的空间。有限空间作业应严格遵守"先通风、再检测、后作业"的原则。检测氧浓度、易燃易爆物质（可燃性气体、爆炸性粉尘）浓度、有毒有害气体浓度等。

2）在有限空间内作业，应落实好紧急情况下的应急处置措施。禁止在有限空间内同时进行电、气焊作业。在有限空间内电焊作业时，应站在具有阻燃性能和绝缘性能的垫子上，戴绝缘手套。有限空间内作业，人孔门处应设专人连续监护，并设有出入有限空间的人、物登记表，记录人、物数量和出入事件，并出入口处挂"有人工作"警示牌。工作结束后应当将有限空间人孔门关闭，悬挂"禁止入内"警示牌，如需通风不能关闭人孔门应设置密目网，悬挂"禁止入内"警示牌。

3）有限空间内作业，因使用安全电压照明，装设剩余电流动作保护器，剩余电流动作保护器、行灯变压器、配电箱（电压开关）应放在有限空间的外边。工作前和工作结束后均应清点人员和工具，按照登记记录进行核对，防止有人或工具留在有限空间内。

（6）作业环境风险控制。

1）避免交叉作业，不能避免上下交叉的作业，应按照上方作业保护下方的原则，设置隔离层，隔离层应严密、牢固，确保物件不会坠落至下方作业区域。无法隔离的交叉作业应设置专人协调，采用分区错开作业或错开作业时间等方法，降低作业环境存在的风险。

2）现场栏杆、护栏、楼梯、格栅等设施严禁随意拆除。因工作需要，确需拆除时，必须办理安全设施变更单，做好临时措施，修后及时回复原状。作业区域照明充足，照明不足时，则须另行配置照明，严禁用碘钨灯作为照明。

3）现场井、坑、孔、洞等危险场地其四周应装设临时遮栏或固定遮栏，并在明显位置设置"当心坑洞"警示牌。孔洞防护除符合《发电企业安全设施配置规范手册》的要求外，还需遵循以下要求：

a.孔洞短边（直径）尺寸小于 25cm 但大于 2.5cm 的孔口，必须用坚实的盖板盖设，盖板应防止挪动移。

b.孔洞短边（直径）尺寸为 25～50cm 的洞口，四周须设临时防护遮拦。检修工作中断时必须用竹、木等作盖板盖住洞口，盖板四周搁置须均衡，并有固定其位置的措施。

c. 孔洞短边（直径）尺寸为50～150cm的洞口，四周须设固定防护遮栏。检修工作中断时必须用竹、木、铁板等作盖板盖住洞口，盖板四周搁置须均衡，并有固定其位置的措施。

d. 短边（直径）尺寸在150cm以上的洞口，四周除设固定防护遮栏外，洞口下方须张设合格的安全软网，并且固定牢固。

2. 检修现场高风险作业安全管理

为了规范（高）风险作业项目安全管理，有效预防和控制高风险作业项目安全生产事故发生，提高项目隐患排查、风险控制、事故防范能力和管理水平，确保作业人员的人身安全，检修现场安全管理应检修项目开工前，进行检修作业风险辨识分析，根据风险辨识结果，将检修项目按作业过程存在的风险大小进行分级，划分为高风险项目、中风险项目和低风险项目，高、中风险项目分别由公司、部门管控，低风险项目由作业组直接管控。项目作业过程中应采取相应的风险控制措施，实现对施工人员作业行为、现场作业环境、所使用安全设施和防护用品存在风险的有效控制。

（1）高风险项目的确定（风险辨识分类）。高风险项目的确定由分管领导组织直接实施部门或项目部结合现场实际情况，对检修项目存在的风险进行辨识、评估，并确定高风险项目，高风险项目应办理评估审批单，经本单位主管领导审批后下发执行。凡无现场施工经验、不能辨识风险的、对脱硫系统正常投运有影响的作业项目都视为高风险项目。

（2）高风险项目管控方案。高风险项目的危害辨识与控制应该由公司、部门、班组共同进行，如涉及外委检修项目及监理需共同参与。按照项目工艺流程进行作业重点步骤工作安全分析，辨识作业风险和职业健康危害，确定风险控制措施。高风险项目施工方案需报相关安全监察部门对安全技术措施部分进行复审。每一名高风险项目作业人员应进行施工方案的教育培训。

（3）高风险项目安全生产管理协议。涉及两个及以上施工单位在同一区域进行施工的高风险项目作业，有可能危及对方安全生产的，各方应当签订安全生产管理协议，明确各自的安全生产管理职责和应当采取的安全措施，并指定专职安全生产管理人员进行安全检查与协调。签订的安全生产管理协议必须报安全管理部门审核并备案。

（4）高风险项目的视频监控。高风险项目作业为了保证施工过程的监督管理，工作场所应设置视频监控。高风险项目开工前，施工单位应根据影响范围对作业区域进行隔离，并设有警示标识。同时确定高危作业视频安装位置、数量，通过视频对检修点作业进行全方位监控，并报安全生产部备案。同时负责视频设备的维护，确保高风险作业能实时监控。安全视频监控系统应覆盖检修现场高风险项目的各个环节，以及需要安全视频监控的项目。

（5）高风险项目的安全应急演练。根据现场实际，编制高风险项目现场应急处置方案，建立逃生通道并保持畅通。并就高风险项目风险评估、应急预案、安全技术措施对作业人员进行培训，记录培训情况，组织相关人员进行演练。

（6）高风险项目开工审批。高风险项目开工前应由检修负责人办理"高风险项目开工审批单"，并由主管生产副总经理或总工程师签发，由本单位项目负责人或项目经理复核并下发"高风险项目开工通知单"。开工报告不得替代"高风险项目开工审批单"和"高风险项目开工通知单"，高风险项目应严格执行"六不开工"的要求：危险源辨识不清，不开工；未制定完善的安全技术防范措施，不开工；安全技术防范措施准备执行不到位，不开工；安全技术措施交底不清，不开工；应到位人员未到位，不开工；未编制应急预案并进行培训、演练，不开工。

（7）高风险项目安全技术交底。项目每次开工前应结合当日工作内容进行安全、技术交底，作业人员确认签字并保存记录。工作负责人每次开工前，应结合项目内容做好安全设施、工器具、安全措施的检查、环境条件检测等工作。

（8）高风险项目监管。高风险项目开工后，负有安全监督职责的公司各级人员要对施工现场实际安全措施执行情况进行有效监督，严格执行各级管理人员到位制度，并在现场签字确认。专职安全监察人员应对计划内高风险项目进行重点监督管控，必要时应对实施安全监察的高风险项目进行全过程旁站监察并填写旁站监察记录表。

高风险项目管理责任部门、施工方均应选派满足现场安全管理要求的安全专责人员进行全过程监督，人员的数量应满足现场监督需要。

（9）高风险项目资料收集。高风险项目各责任单位应收集高风险项目相关资料并留存12个月。针对施工过程中暴露的问题，不断完善安全防范和控制措施，修订高风险项目作业标准。

3. 检修作业风险控制制度

开展风险预控，是促进企业持续、健康、稳定发展的重要方法，也是企业解决风险意识不足、缺乏预控措施、避免风险失控问题的有效途径。作业前员工人身风险预控是企业风险预控的重要内容，建立《员工人身安全风险分析预控本》制度作为控制检修作业风险的有效手段，实现对作业人员作业行为、现场作业环境、所使用安全设施和防护用品存在风险的有针对性控制。生产人员进入现场作业和操作前，以防人身伤害为重点进行安全风险分析所有人员，必须做到"没有风险分析不进入现场，没有风险分析不开展作业"。

（1）明确作业性质和类型：运行操作、检修作业、建设施工、交通运输、水上作业等；电气作业、起重作业、动火作业、有限空间作业、高处作业、危化品作业、防腐作业、机械加工、物品接卸等。确认作业过程风险：触电、淹溺、灼烫、坍塌、爆炸、火灾、中毒窒息、高处坠落、起重伤害、物体打击、机械伤害、车辆伤害、脚手架（高平台）垮塌等。

（2）评估个人能力和状态：精神状态、健康状况、作业禁忌、专业培训、作业资格、业务能力、应急处置能力和作业组人员安排、作业监护等。

（3）检查个人安全防护用品（具）及使用：是否根据作业性质类型，选用适当的安全带、安全帽、工作服、防护眼镜、防护手套、防护鞋、呼吸器、耳塞等个人安全防护用品（具）；能否正确佩戴使用；安全防护用品（具）是否合格、有无破损、有无应急防护准备等。分析工器具风险因素：选用不当、缺陷残损、功能失效、未检验合格、使用不当等。

（4）分析作业现场风险因素：高温、低温、高压、有毒、酸碱、噪声、粉尘、辐射、雷击、地灾、极端天气、高空临边、通道不畅、通风不良、间距不够、照明不足、标识不清、地面湿滑、致害动植物等。

（5）分析设备设施风险因素高温、高压、带电、转动、突然启动、电气短路、标识缺损、接地不良、隔离不全、监测报警失灵、支撑固定不够、特种设备未检验等。

4. 外委承包商入厂管理

（1）人员入厂流程。外委项目承包商自主完成安全、质量、环保等入厂教育并考试合格→提交外委项目承包商入厂安全、技术教育培训登记表（包括特殊工种的资格提交，新招人员应提供外委项目承包商三级安全教育卡）→安全生产部对培训、各类特殊资格确认审查合格→安全生产部对其进行安健环入厂教育→考试合格→向电厂安监部提交同意入厂办证申请→电厂安监部审批同意→办理入厂出入证件→允许出入。外委项目承包商入厂管理流程图见图3-1。

（2）施工机具入厂流程。外委项目承包商按照国家有关规定自行检验、检定合格→提交工器具、机具清册→安全生产部实物核查，标志、外观确认合格（必要时抽检、核查原始检测数据及报告）→向外委项目承包商发放入厂准用凭证（登记、入册）→入厂准用。外委项目承包商施工机具入厂流程图见图3-2。

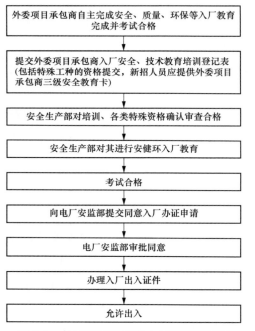

图3-1　外委项目承包商入厂管理流程图

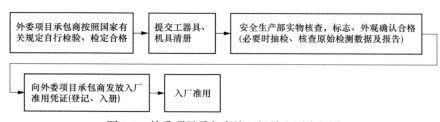

图3-2　外委项目承包商施工机具入厂流程图

（3）工作负责人资格授予流程。外委项目承包商自主完成安全、质量工艺教育培训考试合格→提交工作负责人申请名单及成绩→安全生产部安全考核、考试合格→安全生产部检修技能考评确认合格→电厂安全监督部门确认、资格授予→公布后准予担任，见图 3-3。

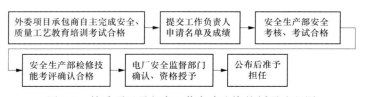

图 3-3　外委项目承包商工作负责人资格授予流程图

（4）现场开工工作流程。项目负责人向外委项目承包商提供安全生产部作业标准或技术方案（已获得规定批准并由职能部门开启许可盖章）→外委项目承包商提交乙方作业施工方案或检修作业工艺卡→安全生产部审核同意并发还外委项目承包商→安全培训专工进行现场安全及技术交底、签字→外委项目承包商学习、消化→外委项目承包商提供开工报告申请（根据项目性质）→安全生产部会签同意→签发工作票并进行工作票交底、签字→工作票许可→外委项目承包商进行现场施工布置（根据本规范）→外委项目承包商现场开工前内部安全、技术交底→开工。现场开工工作流程图见图 3-4。

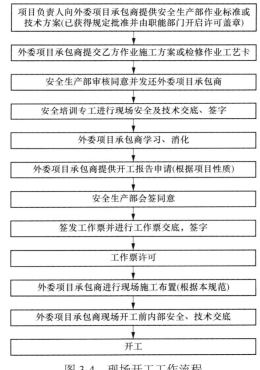

图 3-4　现场开工工作流程

（5）现场完工工作流程。项目工艺结束及现场清理完成→工作票终结→各类资料、数据整理完结→填报竣工验收单→作业标准履行关闭盖章手续→资料归档完结→完工。现场完工工作流程图见图 3-5。

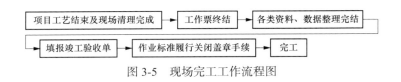

图 3-5　现场完工工作流程图

二、检修现场管理

检修现场管理包括检修现场定置管理、检修作业区隔离管理、检修看板管理、检修文明生产管理、检修职业健康管理等方面的内容。

1. 检修现场定置管理

检修现场定置管理是对生产现场中的人、物、场所三者之间的关系进行科学的分析与研究，使之达到最佳结合状态的一门科学管理方法，它以物在场所的科学定置为前提，以完整的信息系统为媒介，以实现人和物的有效结合为目的，通过对生产现场的整理、整顿，把生产中不需要的物品清除掉，把需要的物品放在规定位置上，使其随手可得，促进生产现场管理文明化、科学化，达到高效生产、优质生产、安全生产。

（1）现场定置图的绘制。

1）定制图类别。定置图是对生产现场所的物品进行定置管理，并通过调整物品来改善场所中人与物、人与场所、物与场所相互关系的综合反映图，其种类有室外区域定置图，车间定置图，各作业区定置图，仓库、资料室、工具室、计量室、办公室等定置图和特殊要求定置图（如工作台面、工具箱内，以及对安全、质量有特殊要求的物品定置图）。

2）定置图的绘制基本要求。定置图绘制依据检修现场、工作环境实际等进行绘制，以简明、扼要、完整为原则，物形为大概轮廓，相对位置要准确，区域划分清晰鲜明。尺寸按比例绘制，注意线条粗细及颜色运用合理，统一规范。

现场中的所有物均应绘制在图上。生产现场暂时没有，但已定置并决定制作的物品，也应在图上标识出来，准备清理的无用之物不得在图上出现。定置物可用标准信息符号或自定信息符号进行标注，并均在图上加以说明，注意门、走道、紧急疏散口等应明显。定置管理图应放置在现场醒目位置。

（2）定置管理的实施。

1）定置管理实施的步骤。定置管理实施是理论付诸实践的阶段，也是定置管理工作的重点。定置实施必须做到：有图必有物，有物必有区，有区必挂牌，有牌必分类；按图定置，按类存放，账（图）物一致。包括以下三个步骤：

第一步：分析检修现场条件，大修设备、备品备件、工器具存放要求，施工条件和交通情况等，进行场地规划，现场布置前，对区域进行检查，与生产无关之物，都要清理干净。

第二步：进行定置设计，按定置图实施定置管理。各单位都应按照定置图的要求，将设备、器具等物品进行分类并定位，定置的物品要与定置图相符，位置要正确，摆放要整齐，贮存要有器具，可移动物品（如推车等）也要定置到适当位置。

第三步：放置标准信息铭牌。放置标准信息铭牌要做到牌、物、图相符，放置后不得随意挪动。要以醒目和不妨碍生产操作为原则。

2）定置管理实施的要求。定置管理方案需经生产管理部门批准后实施，如定置物品或定置场所发生变动，应经生产管理部门批准。定置设计应充分考虑物品重量和搁置层承载能力，并留出足够的生产、检修作业和工艺要求的空间、面积，同时留有消防和安全通道。

现场存放易燃、易爆、易损物品必须满足安全规定，并做好安全围栏、醒目标识，以便于安全风险识别和管控，影响环境、尖锐部件、小件部件等，做好木板、橡胶、帆布等垫板、垫布，防止磕碰、污染环境和坠落等。

2. 检修作业区隔离管理

（1）设置作业隔离区的范围。运行设备与检修设备的隔离。系统停运后，运行设备与检修设备的连通部位须采用物理隔断并标识，合理设置检修进、出通道，隔离措施的实施由运行人员布置，把运行设备包围，不留出入口。运行区域内放置的检修设备与运行设备的隔离措施由检修人员布置，用于隔离的安全设施符合《发电企业安全设施配置规范手册》的要求。

涉及脚手架（升降平台）搭、拆等立体工作，应在脚手架（升降平台）的下方设置隔离区。较小容器内的工作，应将整个容器设置为独立的作业区域。涉及两个及以上单位的工作或者在同一区域或设备进行平面交叉作业的，应设置一个隔离区。其他检修现场（含厂房内、外）具备设置作业隔离区条件的工作场所。

（2）隔离区设置的条件和要求。检修作业区应根据检修总平面布置图和工作需要布置在承载区以内，并不得大于规定承载量；如果布置在非承载区，其荷重必须低于非承载区最大载荷量。隔离区内检修平台、格栅铺设胶皮或垫板，做好防止高空落物措施。隔离区地面敷设必要的地革、胶皮垫、防水材料、吸水材料等。使用专用盖板、堵板封堵。隔离区内外整齐、清洁，工具、材料的存放应定置管理。

（3）隔离区布置。隔离区隔离设施设置符合《发电企业安全设施配置规范手册》的要求，严格按照现场平面布置图摆放主要部件。作业隔离区用围栏、安全警示带、安全旗绳等规范布置，形状应规则、美观。围栏摆放要成直线，并尽可能使用铁质围栏，吸收塔外围应采用围板式围栏，铁质隔离围栏应符合《发电企业安全设施配置规范手册》的要求。旗绳等软质围栏应拉紧，四角用专用的立杆固定，不得斜拉固定在邻近的设备或管道等物上。隔离区应留有活动出口便于人员、物料进出。

隔离区使用统一的信息牌，悬挂在隔离区醒目位置，在检修作业区出入口处挂"从此进出"标识牌，并根据需要设置警示、禁止、提示、指令类安全标识牌，所设安全设施符合《发电企业安全设施配置规范手册》的要求。

3. 检修看板管理

检修看板管理就是围绕现场作业这个中心，针对"以人为本，关爱生命"核心理念，实施现场作业"精细化管理"，从规范作业行为，控制工作质量为出发点，使现场作业的每一个环节工作内容、项目进度、管理要点、责任主体等可控在控，达到现场程序化管理，最大限度地避免违章，确保企业安全生产和检修进度。

检修作业隔离区均需实施看板管理。检修看板信息可包括：检修人员及质检人员信息、现场定置图、检修进度表、质检计划表、安全风险管控单、安全技术交底单、其他专项作业纪律等。看板应在工作票许可前布置完毕并放置作业区内，工作票终结后，方可撤离看板。检修看板边框宜采用不锈钢材料。

4. 检修文明生产管理

（1）检修作业基本要求。检修作业要文明施工，做到三无（无油迹、无水、无灰）、三齐（拆下零部件放整齐、检修机具放整齐、材料备品放整齐）、三不乱（电线不乱拉，管路不乱放，垃圾不乱丢）、三不落地（使用工具、量具不落地，拆下来的零件不落地，污油脏物不落地）。强化现场的规范化作业，提倡6S管理（整理、整顿、清扫、清洁、安全、素养）。

1S整理：作业期间可能产生的油污、报废材料、疏排废液、建筑垃圾等对现场整洁度造成直接影响的，准备充分的防护措施，特别对于油系统、脱硫浆液、有积水的设施的检修，保持地面上清除所有杂物、无关物品；每次检修完毕后废料、废液、废布的整理。现场使用的工具箱应摆放整齐，不应占用通道位置，所有暂时不用的工器具必须按规格、品种进行分类存放，检修完工后将所有检修工具、器材、辅料等整理运走。

2S整顿：所有检修工具、零部件、辅助物品定位、定量摆放整齐，标识明确；按最短距离原则、流程化原则和综合原则进行流程化布置；新、旧零件分开摆放，零件按组装程序（位置、方向）摆放。

轴类和其他易滚动、易倾倒的零部件，应使用道木或木板垫好，防止滚动、倾倒损坏设备或伤人；所有拆卸的零部件应放在事先准备的橡胶垫上，对于可能有油类或其他脏物漏出的零部件，应在橡胶垫下铺置塑料薄膜。螺栓、螺母等小零件应使用专用盘或容器收好，以免丢失。大的螺栓螺母应排列在橡胶垫上并防止碰伤螺纹。

3S清扫：检修平台、隔离区，以及保温场所、制粉制浆、石膏脱水等检修中做到随时清扫；每次检（维）修后的清扫；检修完毕后将设备及周围清扫干净。达到无灰尘、垃圾、污油、杂物、散乱零件。

4S清洁："整理""整顿""清扫"是动作，"清洁"是结果。而且，清洁的保持更为重要，为防止灰尘和杂物的混入，零部件应放置于台架上或地面上垫帆布或胶布，零部件或油脂桶上面盖上帆布或胶布；解体设备上机盖扣放，下机盖应盖有帆布。

5S安全：主要包括排空、置换、吹扫、通风；设备的拆卸和安全隔离；安全进出程序和工作防护等。人员进出入设备、管道内的提示和登记；施工中的电闸安全联锁和警示；安全逃生预案。

6S素养：培养员工按规定作业，形成习惯。使员工养成良好的习惯，具有很高的职业道德。

（2）典型现场文明生产。

1）脚手架搭、拆。脚手架材料须堆放在规定的放置点，放置点内铺上橡皮垫；材料分类、整齐放置，区域内保持干净，脚手架搭设、拆除作业过程严禁将材料直接放置在

PVC地面。脚手架拆除作业区域用红白带封闭。脚手架立杆防滑垫统一、规范，使用专业的落地承压标。检修现场人行通道边搭设的脚手架（2m以下）横杆应设置架空防撞标识。所有脚手架钢管涂单色油漆，搭设简易承重架及用作临时安全措施的钢管油漆使用红、白色。

2）保温作业。保温拆除作业要求轻拆轻装，随拆随清，做到不扬灰、不落地。管道保温拆除，脚手架、格栅平台上应铺满彩条布防止碎保温落到下方，防止碎被风吹散、吹落，发现有保温棉、防腐材料等落地的，应及时完善防护措施并清理。保温材料应用专用编织袋装运及时搬离现场，并按规定放置在指定的废弃保温临时存放点。

3）土建及运输作业。地面开挖、立柱混凝土开凿作业区域需要全封闭，施工过程阶段性洒水抑尘。需要现场搅拌少量的混凝土或放置已搅拌好的混凝土，地面必须铺上防水的材料，不允许混凝土与地面直接接触。渣土、混凝土运输车辆在厂区走规定路线，车辆外部干净，路面不能掉渣土、混凝土，掉在地面上的混凝土必须及时清理。

（3）废弃物的管理要求。

1）废弃物种类。废弃物是人们在生产、流通和消费过程中产生的基本上或完全失去使用价值、无法再重新利用的最终排放物。随着时间的推移和技术的进步，废弃物将越来越多地被转化为新的原料。发电企业设备检修过程中产生的废弃物，其主要分类有技术废弃物和工艺废弃物。技术废弃物主要是发电企业设备检修过程产生的个人防护用品、报废工器具、损坏的无法修复的设备部件、部分检修材料的边角料等；工艺废弃物主要是检修前系统中残留的工作介质（油、水等）、设备清理用废液及工艺系统必然产生的废物，如滤布、垫片、过滤器芯子等。

2）废弃物处置。技术管理部门负责机组检修废弃物回收、存放及运输的监督管理等处置工作。设备检修人员负责检修废弃物的收集，区分危险废物和一般废物，并建立台账，分类运送至相应的废弃物回收区域存放。

检修现场必须设置固定的一般废弃物回收区域，可根据现场实际情况确定回收区域的数量及位置，回收区域必须隔离设置，周围采用围栏规范布置，形状应规则、美观，按照现场安全规程和安全设施规定，围栏摆放要成直线，留有专门出口便于人员、物料进出。废弃物回收区内，应根据场地条件和废弃物用途划分：钢材区、非钢材区、废油区、其他废液区、有害废弃物区等，不同区域必须设置废弃物类别的明显标识。对于液态、易污染的废弃物，隔离区地面敷设必要的地革、胶皮垫、吸水材料等，存放场地满足废弃物贮存管理要求。有毒、有害及危险废弃物单独放置在密闭容器内或对其进行全封闭，并注明"有害"字样，可放置在厂区固定废弃物贮存间。

可利用的废弃物清运小组负责组织，及时清运，清运车辆设置统一醒目标志，运输过程中应当封盖严密，不得撒漏、渗漏。一般固体废弃物如无回收利用价值可直接丢弃在垃圾桶内。系统中残存的水可直接通过下水道排放，废水处理产生的固废、含油固废等难以再生的非危险性固废物可运至煤场用于混煤燃烧。系统存油或设备清洗液必须分类放置于废弃物存放区内专门容器内，属于危险废物的应由有资质的第三方放置运输、处置，并办理移交运输手续。

5. 检修职业健康管理

（1）粉尘控制。吸收塔、烟道等含有大量粉尘的保温拆除作业过程中可采用洒水方式抑尘，保温集中拆除时，各机房的连通门要严密关闭，防止灰尘扩散，保温拆除结束当天，要将散落在设备、地面上的碎保温及时清理。烟道内部、箱体、罐体、制浆系统等设备检修，设备内的干粉要清理干净，有条件地进行水冲洗。

（2）有害物质控制。检修现场禁止使用含石棉成分的保温材料、阻燃材料及密封材料等，原使用含石棉的材料在拆除、更换过程中做好防止扬尘措施及个人防护措施，尽量减少有害物质对人体的伤害。在有试剂、酸碱、防腐等有毒、有害气体、液体封闭环境内作业，除按要求置换清理干净气体或液体后，工作前必须测量气体和液体的含量，符合要求后再进行工作。

（3）个体防护。检修期间穿绝缘鞋、防砸鞋、防水鞋等足部防护用品，进入生产现场必须正确佩戴有效期内的安全帽，正确使用安全带。机组检修期间，应根据作业环境，必要时，进入危害环境前，应先佩戴好防尘、防毒和供氧等呼吸防护用品。在进行电焊、气焊、金属切割及打磨等作业时，应使用防护眼镜、防护眼罩、防护头盔、电焊面罩等防护用具，以及焊工手套、绝缘手套、一般用途手套等。

三、检修质量管理

设备检修质量管理标准化是现代企业组织生产和管理的重要手段。做好脱硫设施检修质量管理是保证脱硫设施安全、稳定、高效、经济运行的重要措施之一，也是设备全过程管理中的重要环节。脱硫设备检修科学管理，提高设备利用率，降低检修费用，在运营成本居高不下、社会节能降耗形势下具有重要意义。因此，运用现代设备管理的思想与方法，做好脱硫检修质量管理尤为重要。

设备检修的质量管理突出体现了设备检修作业人员检修过程的自我管控与质量管理体系质检管控的有机融合。质量控制的核心在于检修行为的质量管控，检修作业人员依靠自身成熟的经验、技术技能在检修作业中对工艺水平自我控制、管理，同时，依据质量管理体系，开展过程和质量的监督检查控制，以保证脱硫检修质量。因此，检修质量管理体现在检修过程管理和检修质量控制两方面。

1. 检修过程管理

设备检修作业过程管控是检修人员按等级检修管理流程、文件、标准等，主动或被动地按标准化作业的要求，指导自己的检修作业行为，控制局部乃至整体检修质量达到预期目标。现场检修作业过程管理主要包括设备检修实施过程、修后试运。

（1）检修实施过程管理。检修实施过程是检修进度、检修质量实时控制，检修成果逐步展示的动态管理过程，也是检修项目策划一致性与有效性的验证过程。检修作业应规范性管理，体现企业检修管理工作的严谨性，过程控制、质量管理中的有效衔接，应对问题与变故的处理机制与能力。检修作业严格按各级检修人员的岗位职责开展工作，严格执行安全规程、作业标准和质量标准、技术方案、技术措施。设备检修作业要着重抓好设备解体、修理和装复三个过程的管理。

1）设备解体过程管理。解体阶段控制的原则是尽早地、最大限度地发现设备存在的问题，详细记录、统计设备解体后发现的缺陷，特别是重大设备缺陷，以便及时掌握情况，有效部署处理计划，确立合理的技术措施与备件准备。

检修开工后应按检修计划进度要求进行设备解体，分析设备技术状况、检查脱硫的防腐脱落、喷嘴及管道堵塞等情况。解体检查要查早、查深、查全、查细、不能漏查，要做好清理工作，及时测量各项技术数据，做好记录。技术记录要做到"表格化、图表化"和"及时、正确、齐全"。需要试验鉴定的项目，及时安排。发现问题要查明原因并认真做好原始记录，对重大问题应及时逐级报告有关领导。

设备解体或现场检查后，如需配合备品测绘、校对的，应及时通知有关部门进行。属于技术监督内容的（如结垢、锈蚀的取样，焊口拍片复查、防腐层检测等），应及时通知技术监督工程师严格按有关监督条例对设备状况进行监督检验；pH、温度、压力、烟气排放连续监测系统（CEMS）等仪器仪表等需要修复、检定、校准的及时由相关有资质的单位进行。

解体重点设备或发现有严重问题的设备时，项目公司安全生产部经理、电厂设备管理部门的领导、专业主管、点检员应在现场掌握第一手资料，抓住关键问题，指导检修工作。发现计划外的重大设备缺陷对检修工期或质量有影响时，技术职能部门专业人员要及时组织相关人员进行专题讨论，必要时邀请电力科研院、设备厂家、专业公司等有关专家进行讨论研究确定处理方案。在征得领导层的同意后，调整检修项目和检修工期。

设备解体检查后，要做好安全措施。对某些设备要做好封堵、挂牌等措施；脱硫塔及防腐烟道等做好隔离、防火管理。对于技术要求高、价格昂贵、工作难度大、安全风险高的设备、设施检修作业实施之前，安全生产部经理要主持召开专题会议，业主相关技术职能部门、质量监督及质量控制部门、安全监察部门、检修部门及外委承包商等相关人员参加，重点检查安全技术措施是否落实到位，同时做好风险评估。

质量监督及质量控制人员要根据网络进度计划、质量验收计划，不定期检查承包商技术措施落实、检修项目执行情况。

设备解体后，各专业要写出解体报告，由项目负责人或安全生产部牵头组织召开解体会议。会议要分析解体、检查过程中发现的问题，并落实对策和措施，必要时要调整项目和进度。对于发现的重大问题，由项目公司总经理组织有关人员进行现场检查，决定对策。

对重大项目和进度的调整，由安全生产部专题报告上级公司和业主方。

2）设备修理过程管理。设备解体后进入设备检修阶段，这是问题处理的关键环节。设备检修阶段是检修作业人员自身检修经验、技术技能、工艺水平、管理能力的物化过程，也是检修作业人员质量自助管理与质检人员的质量监督与控制的重要阶段。设备检修实施阶段要控制以下几点：

a. 认真履行原拆原装原则，设备检修执行谁解体谁检修，保证作业人员对设备情况掌握的连续性与检修实施的针对性。严格执行工序、工艺、技术标准要求，遵循质量控制程序文件，以确保设备检修是在在控、受控情况下进行。

b. 发现有缺陷的设备、备件须要外委修理加工的，要及时办理加工修理申请，落实有资质的单位实施。修理完毕设备、部件，新购置的设备、部件，以及防腐修复用防腐材料等由物资部门、技术职能部门组织相关人员进行验收，并履行相关验收签字手续。仪器仪表经检定或校准合格后进行安装恢复。

c. 检修过程中应及时抽查原始记录。所有记录应做到完整、清晰、正确、真实。使用钢笔和签字笔填写且不得涂改，可划改并签字。检修过程中应充分发挥项目公司安全生产部专业技术人员的作用，对 W、H 点严格把关，尤其是对于重要设备的关键工序节点、重要隐蔽性工程工序节点必须格外重视，严格履行 H 点的签字验收手续。

d. 检修项目负责人在检修期间定期召开检修调度会（节假日视具体情况确定），重点协调专业之间相互配合情况，材料、备品配件、修配加工的落实情况，项目的进度，检修工作的质量、安健环（安全、健康、环保的简称）情况，解决检修中出现的问题，抓住检修的关键项目和主要矛盾，保证检修工作的顺利完成。

3）设备装复过程管理。设备设施经过修理，符合工艺要求和质量标准，缺陷确已消除，经验收合格，才可进行装复。履行原拆原装，谁解体谁检修谁装复的原则，保证作业人员对设备检修实施工作的连续性，保证检修质量受控。装复过程中要认真核对设备解体时做的标识标线，避免定位偏差或错误。装复时应做到不损坏设备，不装错零部件，不将杂物遗留在设备内。重要工序由检修班长、点检人员到现场严格把关。

对于技术要求高、价格昂贵、体积较大、工作难度大的主体设备，装复前由业主方检修项目经理组织召开技术交底会议，检修部门及外委项目承包商、监理项目经理及相关职能部门专业人员参加。确认各项数据具备复装条件后，方可进行复装。会议应做好会议纪要。

对于有可能有异物落入的管口拆除封堵后必须进行仔细的检查，必要时使用内窥镜进行检查并经有关人员鉴证。对雾化喷嘴等要进行角度测量，保证喷淋角度准确；对防腐修复效果必要时进行测量检查。

设备装复时，要认真记录遗留的问题、可能造成的影响，跟踪关注事项，以便运行采取适当的试运方案，在试运行时进行观察、跟踪。

4）过程控制中的检修例会。

a. 检修协调会：检修协调会作为检修例会，在等级检修阶段由安全生产部经理负责组织召开。协调会由安全生产部经理主持，各专业技术人员、工作负责人、外委项目承包商项目经理等参加。检修协调会主要是对每天的工作进行检查，落实解决检修中存在的问题，布置第二天及后续重点工作，及时调整检修策略；针对监督检查项、建议书、不符合项等采取措施，业主相关职能部门通报检修中发现的违章、未遂等情况及提出要求。会议要在当天形成会议纪要并发布，对存在的问题要落实责任人，并在下次的会议上由责任人汇报落实情况。会议纪要在当天下发至班组和外委项目承包商。

b. 专题会议：对于现场发现的重大设备缺陷、质量问题或安全风险大、技术难度大的检修项目，安全生产部经理要组织专题会议进行讨论。会议主要是针对问题的处理方法进行讨论，争取用最短的时间处理缺陷或问题，指定技术方案和防控措施。会议对需要落实的问题要逐一落实责任人和完成时间，并在随后的协调会上由责任人汇报落实的进度和完成情况。会议要形成会议纪要，在当天发布。

c. 进度控制计划会：由项目公司负责进度计划控制的专业工程师在每天结束工作之前，组织召开由负责进度控制人员参加的进度控制计划会。主要内容是通报等级检修进度计划的执行情况；发布"窗口"计划受控情况及调整信息；发布局部工期预警信息并采取纠正行动；部署、协调、决策检修进度计划事件。

d. 质保、质控例会：由项目公司负责质量保证的安全生产部经理主持，三方质量保证、控制的负责人及专业技术人员参加。主要内容是分析评价近期等级检修质量保证、控制体系的有效性；通报质量保证、控制事件及采取的纠正行动；部署下一步质量保证、控制工作重点；分析评价质量监督、验证的有效性；通报本周质量、技术事件及采取的纠正行动；通报不符合项的处理、关闭情况；部署下一步质量控制工作重点。

（2）设备修后试运管理。现场修后管理重在设备试运，设备分部试运包括单体试运和分系统试运，是检验检修作业实施效果的重要环节，确认设备修后是否满足预期性能指标。设备分部试运转遵从谁检修谁申请的原则，具体由运行班组操作。设备试运转联系单见附录 H。

分部试运的具体要求按企业颁发的相关设备停复役管理规定执行，遵守的原则：一是可单独进行分步试运转的设备在检修后均应进行分步试运转；二是分系统试运必须在单体试运合格，并核查有关项目无遗漏，检修质量合格，技术记录及有关资料齐全无误后方可进行；三是分步试运由工作负责人申请，在设备试转前要终结有关的工作票，检修现场做到工完场清；四是分步试运要按规定办理试运行手续后方可进行，并由运行人员负责操作，有关检修人员、验收人员、运行人员参加。

2. 检修质量控制

设备检修项目的质量管理是检修项目的质量策划、质量保证、质量控制、持续改进等活动，质量控制是现场检修质量管理核心。等级检修实施阶段的质量控制的目的是确保检修安全与质量管理的相关要求能得到有效落实，以检查作业活动为主，检查文件与记录为辅，对检修实施过程可能影响检修质量的人的因素进行重点控制。从事质量保证活动的人员需经过专业培训并持有资格认证、在质量管理职能部门的专职质保人员；从事质量控制活动的人员需经过专业的质量管理培训并经过授权、在技术职能部门工作的工程技术人员。

（1）设备检修项目质量控制。质量管理不仅包括质量保证，还需要进行严格的质量控制。质量控制要对等级检修中可能影响检修质量的具体工作所进行的相关的检查、测量、试验或观察等活动，从而评估检修效果的过程，发现检修结果的质量问题并加以整改。

等级检修质量控制内容包括等级检修准备阶段的质量控制、等级检修实施阶段的质量控制。

1）等级检修准备阶段的质量控制。质量控制不仅是外部质量监督部门的工作，也是检修部门、外委项目承包商等各个参与单位和个人的任务，因此等级检修准备阶段首先要建立检修质量控制组织。包括指定的质量控制负责人和质量控制检查员，质量控制检查员由安全生产部选出。安全生产部对质量控制检查员进行技术与管理培训，并经考核合格后授权。

检修准备阶段的质量控制工作同样也包括了对人、机、料、法、环（4M1E）等质量要素在检修准备中可能影响检修质量的具体工作所进行的相关的检查、测量、试验或观察等活动。这些活动除质量要素进行的检查工作外，还包括：根据等级检修项目清单选择需要进行质量控制检查的项目，并从技术角度审查相应工作文件准备质量；在检修质量计划或其他工作文件中按质量控制检查点设置原则设置检修实施阶段需要进行的质量控制检查的W点和H点。

2）等级检修实施阶段的质量控制。

a. 等级检修项目实施阶段的质量控制组织形式。等级检修项目实施阶段的质量控制主要采取的组织形式是：外委项目甲、乙方分列分级验收；业主自主负责的项目按安全生产部三级验收形式实施质量验收。

外委项目承包商承包的等级检修项目进行甲、乙方分列分级验收。甲、乙方分列分级验收为承包商（乙方）一级（乙方工作负责人）验收、二级验收（乙方质控人员）三级验收（乙方项目经理）；业主方（甲方安全生产部）在承包商自检合格后，再实行一级（安全生产部项目负责人）验收、二级（安全生产部质控人员）、三级（安全生产部设备管理部门主管。一般为二级，重大项目关键点实施三级）验收。监理人员（如设置监理）作为第三方认证机构授权代表负责第三方签字验收。

b. 等级检修项目实施阶段对质量控制检查的要求。由于等级检修质量控制人员的不确定性，项目公司对检修实施阶段质量控制检查应制定一些基本的要求。检修实施阶段质量控制要求见表3-7。

表 3-7   检修实施阶段质量控制要求

序号	主要要求内容
1	质量控制检查员前应熟悉被检查工作的相关技术文件，了解作业位置、工艺标准及作业风险
2	质量控制检查员根据对工艺的了解确定检查的方法，并准备相应的检测设备、检查工具及防护用具
3	严格按质量验收标准通过观察、测量、试验、检验等手段，验证作业质量是否符合规定要求
4	质量控制检查中发现的设备缺陷应分析其严重性，并根据分析结果决定发停工令，还是出具质量缺陷报告
5	所有质量缺陷均必须记录在相关缺陷记录报告中
6	所有质量缺陷均必须得到跟踪，确保采取了适当的纠正措施
7	应定期统计分析所出现的质量缺陷，进一步改进和优化设备管理
8	应定期向安全生产部报告质量缺陷处理状况

c. 质量验收在等级检修质量控制中的应用。等级检修实施阶段的质量控制主要通过有效的质量验收活动实施。等级检修质量验收是对检修活动是否符合规定要求进行的审查、检查、试验、核查并将其形成文件的形式。目的是发现检修活动是否存在有与规定要求不符的地方，然后加以纠正，以保证与规定要求一致。如验收某一检修活动是否按要求对要完成的任务进行了透彻的分析，验收是否按要求选择和培训了合适的人员，是否按要求使用适当的设备和程序，是否创造了良好的工作环境，并验收是否按要求明确了承担任务者的个人责任。

（2）检修质量监督点设置及问题的处理与跟踪。

1）建立检修质量监督点（W 点和 H 点）。等级检修质量监督点是质保人员在检修前审查检修文件包时，在相关质量计划或检修程序或工作指令中设置的，设置质检点时必须在相关文件中注明质保人员姓名及联络方式。

检修工作负责人应在设点工序之前，提前通知相关专业工程师，专业工程师应按时前往现场实施监督。对于 H 点，必须有专业工程师在场，通过质检后才能进入下一道工序；对于 W 点，如果专业工程师在工作负责人通知的工序开始时间不能到达现场，在获得允许的情况下，工作负责人可以开始相关作业，不必等待。专业工程师到达现场后应根据事先准备的检查内容实施监督，在作业过程和结果符合要求后应在作业文件上签字。

2）等级检修质量问题的处理与跟踪。专工对质量监督中发现问题的处理流程为：缺陷的识别、评价、报告、纠正、跟踪验证、关闭和记录。

a. 缺陷识别。专工根据质量管理要求和质量作业文件对检修活动进行监督，发现的任何异常都将作为质量管理缺陷加以处理。

b. 缺陷评价。专工对发现的问题进行分析和评价，以判断缺陷对检修安全和质量的影响，确定其严重性，对重要缺陷还将分析问题产生的原因。

c. 缺陷报告。专工将监督中发现的问题记录在质量监督报告中，并根据问题的严重程度采取不同的报告形式。对重要缺陷可发停工令，并立即报告缺陷责任人、检修部门管理层、检修项目负责人，对非重要缺陷可通过发观察通知进行处理，并要求责任人立即改进。

d. 缺陷纠正。责任单位根据质量监督发现的问题和提出的纠正措施建议，确定纠正缺陷的具体措施，对重要缺陷应立即采取措施以解决现场存在的问题，并分析发生问题的原因，以防止类似问题的重复发生，对非重要缺陷一般现场立即纠正即可。

e. 缺陷的跟踪验证。专工对责任单位采取的纠正行动进行跟踪验证，以确定这些措施是否完成。同时评价纠正行动实施的有效性，通过问题是否已得到纠正和是否重复发生两个方面来评价。

f. 缺陷关闭和记录。专工必须将监督中发现的问题完整地记录在质保监督报告中，监督报告应至少包括问题描述、依据的标准或要求、产生的原因（必要时）、采取的纠正行动和这些纠正行动完成情况的验证结果。只有当纠正行动均得到有效执行，该缺陷才能关闭。

对检修质保发现的问题除进行上述处理和跟踪外，在检修中和检修结束后，专工还将对检修中发现的缺陷进行统计和分析，以分析检修质量管理的薄弱环节，并向生产技术部和检修项目部提出检修质量改选建议，以帮助检修管理层和业主单位提高质量管理水平。

四、检修进度管理

检修工期的进度管理，一般采用前推法或后推法计算单项工程的完成时间。企业在确定脱硫检修项目的基础上，建立各项目之间的逻辑关系，综合考虑资源情况，并结合历次检修经验，形成完整的检修计划，并按照此计划控制各检修专业检修进度。检修过程中，把检修项目的进展的实际执行情况进行统计，采取每周的更新方式，实时监控检修项目进展及检修工作的变更情况，并把机组检修工作暴露的问题反映出来，分析检修的进度是否符合计划，并协调工作安排，以推进检修进度按计划实施。

1. 工期控制的方法与措施

进度控制是一项综合性很强的工作。检修项目各专业、外委项目承包商在检修各阶段、各分部分项工程中应设立专门技术负责人员，进行进度控制的基础管理工作，各进度相关控制管理人员应随时掌握检修现场形象进度信息。实际执行进度信息和项目计划进度节点不一致时，各相关负责人应及时做出分析并采取纠正措施，协调推进工作计划，如重新安排资源、重新配备劳动力、机械设备等以满足计划控制目标。必要时，可重新修订一个从当前到工程项目到竣工的新的网络计划，以满足原定检修总进度要求。

（1）组织管理措施。

1）建立健全检修组织体系。应成立检修领导小组及专业部门、各专业组为主要成员的检修工作小组组织构架，推行以检修项目经理（安全生产部经理）制为基础的现场技术管理的检修组织体系，推进项目按计划实施。必要时针对影响工期的重点项目成立重点项目协调小组进行安全、质量、工期的把关。各专业组应具体负责各个专业相关检修项目进度管理，如遇重大问题，需调整工作进度，及时向检修小组组长和领导小组汇报请示。

2）进度协调会议。建立日协调会议制度。检修项目经理（负责人）应每天召开例会，听取各专业组、重点项目协调组、外委检修施工单位负责人关于检修进度及工作进展情况的汇报，协调各专业之间、各检修单位之间的问题，分析和解决检修过程中存在的问题，重大问题及时向检修领导小组汇报。

（2）工期的跟踪与协调。作为检修项目经理（负责人）应从全局出发合理组织、统一协调、组织人力、材料、设备等资源，以保证计划的严肃性。检修现场各级管理人员应以进度计划和计划项目为依据，全方面跟踪、控制现场的检修活动，随时对比计划，跟踪检修进度是否达到预定节点目标，是否需要做计划变更。同时，要充分利用检修协调例会，建立信息反馈渠道，将实际执行结果与原进度计划进行形象对比，并对原计划进行完善、存档。同时应保存有关的工期数据，并把本次工期计划的变更情况，作为以后计划编制依据，使计划更科学、合理。当出现增加项目、取消项目或某个项目内容扩大时，应及时将变更列入计划中。另外，本次计划存在未完成的项目，管理人员应进行统计，并及时将这些项目列入下一次检修中。

2. 工期控制的评价及考核

建立检修工期考核机制。为确保工期执行的严肃性及时完善改进计划，提高计划管理水平，应建立工期的评价和考核制度，充分利用有效经济杠杆及手段把检修工作进展及网络计划的实施与经济责任制及合同挂钩，实行逐级负责制，有效约束检修施工单位的检修行为，从而保证检修工期。工期考核应纳入外委检修合同并作为重要内容之一。

工期评价包括以下内容：

（1）检修工期的完成情况。主要是统计相关的检修进度计划是否按原计划完成，延期项目对总进度影响，特别是关键路径项目完成情况。对进度延期必须找出原因，如工期估计不足、人员分配不合理、专业间配合不足、检修人员技术力量不足等，为今后编制提供依据。

（2）检修中项目变更情况统计及分布情况的影响。此可作为以后检修特殊情况下应急人力资源、材料等参考依据。

（3）物资对工期的影响。如因缺备品造成工期延期，应及时反馈给物资部门。

（4）修后质量合格率情况。修后设备试转、调试及不合格品对进度的影响，并将这些数据反馈给有关生产技术部门和外委项目承包商。

（5）检修各专业间的相互联系、接口方面协调是否合理，信息沟通是否通畅，以及在这方面存在的问题。此可作为今后完善相应的计划和措施，提高沟通、协调水平的依据。

针对存在的问题，根据职责分工和合同约定，按考核制度对责任单位、部门和人员进行考核，便于今后工期管理水平的提高。

第四节　试运及验收管理

等级检修过程中，对于设备的整体或部件检修后，需要对其修后的性能进行确认，以检验其是否能满足检修质量要求，至少应满足脱硫装置的运行需要。设备修后性能验证包括设备的完整性验证、设备标识的完整性验证、设备试转（试验）等内容，并应于脱硫装置大修启动后 20 天内完成各项修后性能试验。

一、检修启动前完整性确认

检修后的设备在再次启动前，需对机务、电气、热控等诸方面进行检查确认，确认项目见表 3-8

表 3-8　　　　　　　　　脱硫检修启动前确认项目表

序号	检修确认项目
1	检查与启动设备有关的工作票已收回，就地检查检修工作已结束，工作人员撤出现场
2	设备周围应清理干净，外观完整，各门、孔关闭严密，地脚螺栓、连接螺栓紧固，与系统连接完好
3	安全防护装置完好
4	润滑介质的质量和数量满足投运要求
5	动力／控制接线和接地线正常，且绝缘良好
6	远方／就地控制功能校验合格
7	各仪表完整、管路完好，且指示正常
8	设备有关指示灯显示正常，且就地与远方指示一致
9	联锁试验合格，且相关保护已投入
10	就地紧急停运装置功能校验合格
11	电气设备的金属外壳接地装置良好
12	电气设备按规定投入保护装置，设备禁止无保护运行
13	电气设备隔离装置完好，且与人员距离满足安全要求
14	电气设备防误闭锁功能完备
15	就地消防设施可靠、完备
16	设备保温完好、标识完整
17	设备现场照明充足，周围道路通畅

二、设备试运管理

所有电气、热力、机械设备及系统（包括电气、仪控的二次回路）在检修后期需要进行试转（试验）检修质量检验的工作，必须按照表 3-9 规定程序进行申请及执行。

表 3-9   设备试运管理流程表

序号	试运流程管理内容
1	在未复役的检修设备和系统上需进行试运转，且要改变安全措施时，则应填写"试运转（试验）联系单"
2	"试运转（试验）联系单"由工作负责人提出，经签发人签发生效
3	试转（试验）负责人一般由工作负责人担任。试转（试验）负责人在向运行提交"试运转（试验）联系单"时，同时送交与此试转（试验）有关的、需要改变安全措施的所有工作票并暂停检修工作
4	设备检修后若有异动或系统方式改变，应在试转（试验）的前一天向运行专业提交设备异动执行报告，由运行专工确认并编写操作方案和制订安全措施后才准试转（试验）。特别重大的试转（试验）操作方案和安全措施应由设备管理专工、运行专工共同编写，经审核、批准后实施
5	所有的试转（试验）的方案必须写清检修与运行之间的操作分工，明确责任及设备管辖的分界点。其操作的分工按运行规程的有关规定正确执行。试转（试验）的安全措施由运行实施并对其操作的正确性负责
6	设备试运转（试验）前，应由试运转（试验）负责人检查试运转（试验）设备的条件是否具备，其现场安全由试运转（试验）负责人负责
7	主值（值长）在接到"试运转（试验）联系单"后，应检查： （1）确认试转（试验）申请单填写内容完整、正确。 （2）确认按规定应交回的工作票已交回或已终结。 （3）确认现场已具备试转（试验）条件。 （4）通知运行专工，并确定试转（试验）时间
8	主值（值长）认为可以进行试转（试验）时，运行人员应根据主值（值长）的命令将试转设备检修工作票上的有关安全措施恢复，确认工作人员已撤出检修现场，并确认不影响其他相关工作票安全措施的情况下，进行送电、试转。如果试转的设备与其他专业的检修工作票有关联的，"试运转（试验）联系单"必须有相关负责人进行会签，否则，不准试转
9	试转（试验）过程中运行人员要检查设备试转（试验）情况，重点检查： （1）设备技术状况和运行情况（例如振动、温度、声音等），调节是否灵活，设备有无泄漏。 （2）标志、指示灯、信号、自动装置、保护装置、表计、照明是否正确齐全。 （3）核对设备及系统的变动情况。 （4）必要的保温和电缆封堵是否结束。 （5）是否工完场清，妨碍安全及操作的脚手架已全部拆除
10	试转后尚需继续工作时，工作许可人按原工作票要求重新布置安全措施，并会同工作负责人确认安措已正确执行，汇报运行专工同意后，发还原检修工作票，工作负责人接票后通知工作人员继续进行工作
11	如果试转后的继续工作需要改变原工作票上的安全措施时，则应重新签发新的工作票和履行新的工作许可程序
12	试转结束，运行人员要在"试运转（试验）联系单"里填写意见，各专业的检修人员也要在相应表格中填写意见

三、性能指标管理

1. 设备检修试运指标

试运中检验各设备、系统和检修质量相关的参数指标，如电动机、泵的温升、振动、设备出力等，包括热控顺控时间、电流等相关参数。

2. 脱硫性能指标

通过热态运行或性能试验，判定设备检修投运后脱硫系统的阻力（差压）、污染物排放、效率、自动投运等脱硫系统性能指标情况。

3. 标识、标牌管理

设备检修后应对现场的设备、管道、阀门的标识、颜色、标牌及开关的标注进行完整性和统一性的检查，同时对设备管路的名称、介质的流转方向、转动机械的转动方向进行确认。对检查过程中发现的损毁、缺失、异动设备、增加设备的标识牌提出整改意见，并及时完成整改。

（1）设备、设施颜色标识。所有生产设备外部使用的油漆、涂料等颜色应协调一致，同类设备管路色标必须统一，并符合《火力发电企业生产设备安全设施配置》（DL/T 1123—2018）的相关规定。对设备标识的颜色规定具体为：

1）所有的管路应按介质分类涂上一致的基本色。整条管路不易标识时，根据管路的直径，在分接点加相应的颜色带。

2）根据管路内介质的详细性质，介质文字的颜色应采用与管路基本色有明显对比的颜色。管路的介质文字和箭头用黑色或白色标注。

3）所有的紧急停止按钮和报警按钮应使用统一的"红色"标记。

4）电气设备的"运行"或"开启"指示灯应使用统一的红灯，"停运"或"关闭"指示灯应使用统一的绿灯，"故障"指示灯应使用统一的黄灯。

5）电气设备的"启动"或"开启"按钮应使用统一的红色按钮，"停止"或"关闭"按钮应使用统一的绿色按钮。

6）消防水管道统一使用"红色"的面漆。消防井井盖应使用"红色"面漆、消防井外面需使用黄黑相间的"禁止阻隔线"。

7）所有转动设备的联轴器上因加装牢固的红色防护罩，防护罩的大小应将联轴器及联轴器的连接螺栓一起罩起来，防护罩上应标注设备转动方向，并应与电动机转动方向一致，颜色为白色。

8）厂房内沟道、孔洞、电缆井入口的盖板，应具有防滑功能，并标有黄黑相间的"禁止阻隔线"。

9）在主要建筑物的通道上应设立颜色标识的展示，并保证与实际应用一致；颜色标识牌应包含使用的所有颜色以及其含义；颜色标识牌的尺寸规格视具体情况而定。

（2）管道标识。所有的管道应注明介质名称和特性，分类涂上一致的基本颜色或贴上标签，并附有介质流向指示，整条管道不易标识时，根据管道的直径，在分接点加相应的颜色带。当需要确定管道内物质的详细性质时，应使用全名、缩写名或化学符号，采用与管道基本色有明显对比的颜色。各类管道应按照色标标准着色、设置，色环标志要求如下：

1）各类管道色环及介质流向应标注在管道的弯头、穿墙处及管道密集、难以辨别的部位，其位置应在距弯头至少 500mm 的直管道上；如两个弯头相距不够 1000mm 时应选择中间位置；10m 以上的长管道应每 10m 标一次色环、介质流向及名称。

2）不同介质名称管道上的底色、色环标识要求见表 3-10 和图 3-6。

3）管道的色环、介质名称和介质流向箭头尺寸见表 3-11。当介质流向有两种可能时，应标出两个方向的指示箭头。

4）管道的介质文字和箭头用黑色或白色油漆涂刷。

表 3-10 　　　　　　　　　　　　各类管道着色标准

管道内的物质	底色	色环颜色
疏放水、排水管路	—	C100Y100
热网水管道	—	M50Y100K30
循环水、工业水、射水、冲灰水管道	K100	无环
烟道	无	无环
制粉、送粉管道（保温）	无	K100
送粉管道（不保温）	K40	K100
氧气	C30	M100Y100
消防水管道	M100Y100	无环
氨气管道	Y100	K100
联氨	M50Y100	M100Y100
酸液	K10	M50Y100
碱液	K10	C20Y20
石灰石浆液	K10	白色
过滤水	C30	无环
油管	Y100	无环
仪用气	无	无环
厂用气	C100	无环

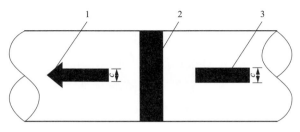

图 3-6　管道上的色环、介质流向及名称相对尺寸表
1—介质流向箭头；2—色环；3—介质名称

表 3-11		管道的色环、介质名称和介质流向箭头尺寸			（mm）	
管道外径或保温层外径	a	b	c	d	e
≤100	40	60	30	100	60
101～200	60	90	45	100	80
201～300	80	120	60	150	100
301～500	100	150	75	150	120
＞500	120	180	90	200	150

注　设备和管路在油漆之前应对金属表面进行除油、除锈处理。

（3）阀门标识。阀门标识请参照《发电企业安全设施配置规范手册》相关内容。

（4）警示牌。在工作票安全措施执行过程中，需要对规定状态下的阀门、电气开关等设备放置（或悬挂）警示牌，以起到提醒、劝诫的作用。一次性电气警示牌采用纸质，尺寸为 16cm×8cm。正面印有"禁止合闸有人工作"字样，反面印有"工作票号码""工作负责人""挂牌人""挂牌时间"及"备注"等内容。因其包含的信息较丰富，更适用于检修机组。一次性警示牌使用后即作废，分为适用于电气（仪控）工作票及其他工作票两种。

第五节　检修总结及修后评价

脱硫系统重新启动并投入运行标志着检修施工实施阶段的工作基本结束，但脱硫检修全过程管理工作并未完成，总结及其评估工作仍是检修管理工作的重要内容，也是检修全过程闭环管理的重要一环。做好脱硫系统总结及其评估工作既是发电企业闭环管理、持续改进的需要，也是脱硫系统检修全过程管理的要求。

项目公司安全生产部在脱硫装置复役后应按集团有关规定，三天内向上级主管部门和单位填报机组检修竣工报告单（见附录Ⅰ），这标志着检修活动的结束，全面进入总结评估阶段。

总结评估阶段的主要工作包括：进行修后参数测试、编写检修总结报告、资料整理与归档、检修文件的修编、检修后评价等。

一、修后参数测试

（1）在脱硫检修完成 15 天内，安排进行检修后一般性测试（参数根据等检修参数测试需要测试）。

（2）在脱硫检修完成 60 天内，安排进行检修后性能试验（参数根据等检修参数测试需要测试）。

按照检修前 / 后数据测试的要求，对设备修前、修后参数进行对照，做出测试报告，对检修评估提供数据支撑。

二、检修总结报告

检修总结报告是检修标准化管理的重要环节，是本次检修工作完成情况的呈现，是对检修过程中安全、技术、质量一系列检修标准管理成果的检验，通过对检修准备、实施、装复、修后试运各阶段所有工作进行全面归纳、总结和分析，总结成功的、先进的检修经验，为后续的检修提供参考和借鉴，对发现的不足，探寻好的解决方案，对本次检修遗留问题进行汇总、交底，纳入下次检修计划，为修后设备运行维护检修提供参考。除包含专业检修总结内容外，还应检查检修标准管理方面存在的问题，验证各项措施是否完善和准确，各项制度是否得到贯彻执行，为修正管理措施和管理制度提供依据，不断完善检修标准化管理体系，提升设备检修管理水平。

一般情况下，检修单位应在 30 天内完成本单位的检修总结报告。A/B 级检修后，应在机组并网后 45 天内按要求完成检修总结。检修总结包括公司总结、专业总结及外委项目承包商总结三个方面。

1. 公司总结

公司在检修结束后及时做好决算，并在汇总、分析有关专业及承包方总结基础上，及时对检修完成情况、主要设备问题及处理情况、主要遗留工作及处理措施、工期、费用以及标准化管理等方面进行全面总结，于规定时间内完成本单位检修总结，并报上级管理部门和单位。检修总结示例见附录 J。检修总结应包含以下内容：

（1）检修中的项目计划管理情况。

（2）施工组织中的安全、质量、技术监督、工期情况。

（3）设备状况总结：包括设备的修前和修后状况对比、主要经济技术指标对比分析、设备修后所能达到的运行状况；以及检修中消除的重大缺陷情况（包括解体后发现的重大设备隐患）及其采取主要措施、遗留问题及今后应采取的措施、设备重大改进的内容及效果等。

（4）采用新技术、新工艺给设备检修带来的效果，应推广的技术工艺方法，对下次检修的要求。

61

（5）完成的重大生产工程项目及初步效果。

（6）设备自动、保护、联锁、定置变动情况。

（7）工期、用工、费用情况及简要分析。

（8）可以借鉴的生产技术和管理经验及教训，包括今后检修工艺及管理改进、作业标准修改等。

（9）热力试验结果分析。

（10）检修标准化管理方面存在问题。

（11）其他需要说明的事项。

2. 专业总结

检修结束后，检修各专业根据检修主管部门的时间要求编写各自专业的检修总结报告，于规定时间内上报给检修管理部门，主要内容包括：

（1）设备（系统）检修前存在的问题。

（2）本次检修主要项目、检修目标、完成情况。

（3）检修中发现重大问题及采取措施。

（4）检修前后设备工况、参数的变化情况。

（5）修后还存在的问题，准备采取的措施。

（6）新技术、新工艺在检修过程中的应用。

（7）检修过程中存在的检修标准化执行问题。

（8）检修工作评价。

（9）其他需要说明的事项。

3. 外委项目承包商总结

为全面总结脱硫检修，外委项目承包商应及时对自己合同范围内的工作完成情况进行全面总结，并在完成各自承包的检修工作一周内写出书面总结反馈给项目公司检修主管部门。外委项目承包商检修总结包括检修工作完成情况及管理情况两大部分。

（1）外委项目承包商检修工作完成情况，主要内容见表 3-12。

表 3-12　　　　　　　　外委项目承包商检修总结中检修工作完成内容情况

序号	内容
1	本次检修的主要项目检修工作、检修目标、完成情况
2	检修中发现的问题及处理情况
3	设备定置、逻辑修改情况
4	项目变更及原因
5	更换备品、备件及消耗性材料情况
6	设备异动

续表

序号	内容
7	设备缺陷消除情况
8	机组启动过程中及运行中需要注意的事项
9	遗留的问题、原因分析及建议采取的对策
10	消耗人工工时
11	其他需要说明的事项

（2）外委项目承包商检修管理主要情况。外委项目承包商在检修结束后都应结合自己合同履行过程中正反两方面的经验教训以及对项目公司管理方面的建议进行全面总结，反馈给项目公司安全生产部，承包方管理总结内容主要包括：所承包项目实施过程管理总结；准备工作中存在的问题和建议；安全管理方面的经验教训及事件分析；质量控制方面的经验教训及事件分析；对检修工艺、工序方面的建议和意见；对工器具及专用工器具方面的建议和意见等。

三、检修资料整理与归档

修后资料整理和归档既是一项基础性管理工作，也是机组检修工作的重要内容。检修结束后，项目公司应及时对检修各类资料按文件资料整理及档案管理规定进行整理、归档。良好的资料整理和归档管理，既可便于日后查阅、追溯和综合分析，也可以帮助总结经验，促进机组检修管理的持续改进，进一步提高管理水平。

1. 整理和归档原则

（1）全面性：要将有保存价值的资料全部整理归档。

（2）系统性：检修资料要按系统分类保存。

（3）可追溯性：质量控制文件要妥善保存，便于日后追溯。

（4）有效性：归档的文件资料应符合《质量管理体系 GB/T 19001—2016 应用指南》（GB/T 19002—2018）。

（5）实用性：要筛选不具备保存价值的文件，保存有价值的资料文件。

（6）先进性：充分发挥电子档案的管理优势，最大限度降低资料纸面保存。

2. 检修资料清单

检修结束后，项目公司应及时对检修各类资料按文件资料整理及档案管理规定进行整理、归档。根据检修资料特点及其形成时间，需整理、归档的资料清单见表 3-13。

表 3-13　　　　　　　　　　整理、归档资料清单

序号	资料
1	外委项目承包商完成提供的各项资料：执行完成的工作文件包；重大项目、技术改造项目、特殊项目检修专项交代；外委项目承包商检修总结报告及经验反馈
2	修前设备状态评估、分析报告

续表

序号	资料
3	检修项目计划： （1）标准、特殊、技术改造项目计划。 （2）阀门滚动检修计划。 （3）防腐、防磨检查检修计划。 （4）压力容器监督、检修计划。 （5）电动机滚动检修计划。 （6）节能、科技、反措项目计划。 （7）电气、热工仪表周检计划。 （8）各项技术监督计划。 （9）网络计划、网络图、现场布置图等。 （10）物料计划、工器具计划
4	技术改造、特殊项目实施方案及图纸资料
5	各种会议纪要
6	设备异动报告及异动竣工报告
7	技术监督报告
8	项目变更单
9	来往联系、传真资料
10	各专业总结
11	冷热态验评验收报告等
12	修前、修后热力试验报告
13	运行操作措施、设备分部试转调试措施、启动电气试验运行操作措施、重要的电气隔离措施

3. 整理及归档要求

（1）检修结束一个半月（45天）内，安全生产部应将所有按规定要求整理、归档的文件录入电脑制作成电子版，并移交综合管理部存档。

（2）所有需要归档的资料在审核完成后，必须将原件存于综合管理部，不得用复写件和复印件代替。纸质资料规格、大小必须符合档案保存要求。

（3）竣工图必须要与实际情况一致，保证图面整洁、字迹清晰、签字完备，加盖竣工图章。

（4）文字型电子文件以 .DOC、.XLS、.WPS、.XML、.RTF、.TXT 为通用格式。视频和多媒体电子文件以 MPEG/AVI 为通用格式。绘图文件以 .DWG 为通用格式。扫描电子文件以 .JPEG、.TIFF、.PDF、.SIF 为通用格式。音频电子文件以 WAV、MP3 为通用格式。照片档案要求电子底片、照片、说明齐全，底片与照片的影像一致。

（5）设备的正式文本及说明书的正本应归档，复制件归有关部门。如厂家提供文件不全，由设备采购部门负责补齐。

（6）承包方检修过程阶段性文件应在相关工作结束后一周内，由外委项目承包商负责录入电子版并移交安全生产部，安全生产部进行审核。已执行的文件包内容必须填写完整。

（7）电子文件档案与相应纸质档案应同一时间归档。

四、检修文件的修编

检修文件修编是检修全过程管理的最后一环，也是企业持续改进的重要工作之一，既是本次检修全过程管理的结束，又是新一轮检修全过程管理的开始。检修文件修编应根据检修实绩修订相应标准、规程、检修文件包及其相关等管理文件，完善检修信息管理数据库。

一般等级检修结束两个月（60天）后，项目公司检修负责部门应启动检修文件的相应修订、完善工作，主要包括：

1. 检修、运行规程的修编

结合检修情况、设备修后性能验证情况以及运行调试结果，对相关检修规程、运行规程的内容进行补充、修订。结合检修中完成的技术改造项目及设备（系统）异动竣工报告，对相关检修、运行规程及时进行补充、修订、完善。

2. 检修文件包的修订

根据文件包实际使用中出现的问题以及承包方的反馈意见，从安全、质量、作业标准、检修工艺程序、物料准备以及工时定额等方面对文件包进行补充、修改，逐步完善标准项目检修作业文件包，建立充实标准项目检修文件包库，方便以后的检修工作。

3. 图纸修编

结合特殊项目、技术改造项目的具体实施情况，根据检修过程中发现的与现场实际不符的情况，以及设备异动报告情况，及时进行图纸修订、补充和完善。

4. 设备技术台账录入

设备检修完成后，设备管理部门应及时对相关检修信息进行填写、录入。对于只进行标准项目的设备，主要录入信息应包括检修经历和设备缺陷处理记录等。对于特殊、改造项目的设备，主要录入信息应包括：设备及其主要附属设备规范、检修经历、设备异动变更记录、设备缺陷处理记录和设备投产前的说明等。

五、修后评价

修后评价就是落实持续改进的具体有效的手段，实质是通过一种测量活动，真实、客观地反映企业检修管理状况。通过修后评价，可以评价设备（系统）检修后的技术经济指标，更重要的是可以对检修全过程管理的各过程、各方面检修管理模式能效进行重新审视，找出存在的问题与差距，对目前的管理手段进行扬弃，进而达到不断提高检修全过程管理水平的目的。

检修单位在脱硫系统检修结束后应组织开展机组等级检修后评价。脱硫系统设备检修修后评价应结合设备修前、修中、修后检查结果。修后评价的主要内容见表3-14。

表 3-14	修后评价的主要内容
序号	内容
1	检修概况
2	检修项目完成情况及未完成项目原因说明
3	检修前存在的缺陷及隐患的处理情况
4	检修中发现的缺陷及处理情况
5	遗留问题及采取的防范措施
6	质检点一次验收合格率及项目验收优良率
7	设备变更情况
8	保护传动、设备试验、试运情况
9	检修工作票执行情况
10	现场设备标牌、标识、基础地面、环境清洁情况
11	修前评估回复
12	设备渗漏率
13	修后 1 月内设备缺陷发生数量及缺陷原因分析
14	设备存在的主要问题及今后的技术措施
15	评价结论

第四章 脱硫系统检修标准化管理效果评价

脱硫系统检修标准化管理效果评价是在脱硫系统检修标准化管理的措施制定、落实执行及管理成效等方面，获取真实、客观、准确的信息，发现标准化管理工作中存在的问题与差距、总结经验、吸取教训，进行检修标准化管理的完善与演进，进而实现脱硫系统检修标准化管理水平提升、提高检修质量。

脱硫系统检修标准化管理效果的评价重点在标准化管理体系的有效性评价，同时兼顾修后指标评价，修后的技术、经济指标是检修标准化管理效果的体现，检修管理水平则是检修效果的重要保证。

本章内容以国能龙源环保有限公司在脱硫系统检修标准化管理效果评价方面的做法与经验为例，介绍脱硫系统检修标准化管理全过程评价，供相关企业借鉴参考，取长补短。

第一节 评价原则及程序

一、评价原则

通过对检修标准化管理体系的有效性检查、指标评价与管理评价等查评手段，客观、综合地评价脱硫系统检修标准化管理水平。

（1）开展全过程、全方位的效果评价。覆盖检修准备、实施、试运、总结等各个流程环节；包含检修安全、质量、费用、技术经济指标、进度、项目完成情况等各个方面。

（2）评价指标力求精简，尽可能删除一些无显著效应的指标，重点突出，条理清晰，层次分明。

（3）评价指标的设置要易于获取数据和查阅资料，有较强的可评价性，否则评价结果无实际意义，且各项指标要能够反映脱硫系统检修标准化管理的真实水平。

（4）评价的时间应在检修完成并运行一个月后、三个月内进行。为便于诊断发现检修过程管理的问题，效果评价应在系统运行一段时间后再进行，但时间不宜过迟，防止长期运行导致的设备性能下降，以保证评价的真实性、有效性和公平性。

（5）采用自我评价与专家评价相结合的方式，自我评价的优势在于可以更全面地依据掌握的数据和资料，深入挖掘目前管理模式的优缺点和检修中存在的问题，提出改进措施会更有针对性，专家评价的好处是能够借助外部专家更全面的视角和更丰富的经验，多维度发现企业管理存在的各种不足。

二、评价程序

组织脱硫系统检修标准化管理效果评价，首先应该建立健全脱硫系统检修标准化管理组织机构，做到分工明确，任务清晰。编制并发布脱硫系统检修标准化管理评价管理程序及文件，并对查评人员进行集中培训，使其熟悉评价管理程序、评价方法和考评标准。开展效果评价时，查评人员根据脱硫系统检修标准化管理评价标准实施评价，并编写评价总结，提交评价报告。受评单位根据评价报告的问题及意见，制定整改方案，完成闭环。脱硫系统检修标准化现场评价的主要流程见表4-1。

表 4-1　　　　　　　　　　脱硫系统检修标准化现场评价的主要流程

序号	流程	工作内容
1	召开现场查评首次会	听取受评单位自查报告，了解掌握脱硫现场检修标准化管理的基本情况
2	查阅相关检修过程资料、文件、记录	检查文件包执行情况，检查检修程序签证、质量记录，检修现场定制管理文件、非标项目（特殊项目）三措两案（技术、组织、安全措施，施工方案、事故应急预案），启动试运记录，检修总结，查阅检修过程各类通报，了解考核情况等
3	查看修后设备运行状态	包括仪表、保护、自动投退情况，无渗漏情况，查看启动后设备运行状态，了解系统运行经济指标和小指标情况
4	编写评价报告	包括本次检查评价的基本情况、检查中发现的亮点及问题、检查建议及结论等
5	召开查评末次会	通报检查结果，查评人及现场负责人签字确认

第二节　评价内容与标准

管理效果评价标准是开展脱硫系统检修标准化管理评价的依据，本章给出了推荐性的评价标准（详见附录O）。

（1）检修前准备管理评价内容见表4-2。

表 4-2　　　　　　　　　　检修前准备管理评价内容

序号	内容	要求
1	检修组织、人员管理	（1）组织机构完整，专业配置齐全，人员分工明确。 （2）质量与安全监督人员资质符合要求
2	检修目标管理	（1）安全目标应包括人员安全目标、设备安全目标。 （2）质量目标应涵盖主要经济性能质保的检修目标值，质量监督点合格率，返工质量管理的次数指标等。 （3）工期目标要包括工期天数，主线工作等。 （4）费用目标要涵盖各类项目的目标值

续表

序号	内容	要求
3	外包工程管理	（1）检修外包单位合同签订情况检查。 （2）所有参修人员经过培训、考试，并组织技术交底
4	检修文件包管理	适用于本次检修的管理制度文件是否齐全，例如计划管理文件、安全管理文件、质量控制文件、工期控制文件、文明生产管理文件、检修工艺纪律管理文件及检修竣工、总结资料归档要求等
5	检修计划管理	检修项目计划安排的合理性、完整性检查。标准项目、修前设备缺陷应列入检修计划

（2）检修过程阶段评价内容见表 4-3。

表 4-3　　　　　　　　　检修过程阶段评价内容

序号	内容	要求
1	检修现场安全管理评价	（1）检查危险源辨识、风险评价及风险控制的工作开展情况。 （2）现场安全管理是否符合规定。 （3）检修现场重点安全作业要求是否符合规定，例如脚手架、临时用电、起重作业、受限空间作业、动火作业、防腐作业等。 （4）安全目标是否明确
2	检修工艺与质量管理评价	（1）检修的质量管理文件是否建立，编制是否符合要求。 （2）质量控制过程是否符合要求，三级验收签证是否齐全、及时。 （3）检修作业工序、作业标准严格按照标准操作工序进行
3	检修文件包管理评价	（1）检修文件包的编制与发布是否符合要求，例如质量标准合理性、作业工序完整性、审批手续齐全性等。 （2）文件包和三措两案是否覆盖到所有项目。 （3）文件包的填写、验收签证是否按要求严格执行。 （4）文件包整理，检修工作结束，对文件包进行整理是否符合要求
4	检修费用管理评价	执行计划费用项目与相关批复文件项目是否相符
5	检修项目管理评价	计划内项目是否全部实施
6	检修工期控制评价	（1）检修工期是否按计划或提前完成。 （2）检修网络工期计划关键路线是否有效
7	检修现场定制管理评价	（1）是否按照要求设置检修隔离。 （2）现场是否按照要求摆放检修三图两表（组织机构及人员信息公示、管理目标、现场定置图，项目进度表、安全风险管控表），是否按照定制图实施定制管理

（3）启动运行阶段评价内容见表 4-4。

表 4-4　　　　　　　　　　　　　　启动运行阶段评价内容

序号	内容
1	所有设备及系统（包括电气、仪控的二次回路）在检修后期进行试转（试验）检验的工作，是否按要求填写"设备试运转联系单"，其流程签证是否完备
2	检修设备异动后是否完成对运行专业的交底、培训工作
3	启动运行中是否严格执行操作票制度
4	检查现场系统启动运行后，各设备参数是否正常

（4）总结及后评价阶段评价内容见表 4-5。

表 4-5　　　　　　　　　　　　　　总结及后评价阶段评价内容

序号	内容
1	检修竣工、总结是否按照要求及时提交，是否进行了检修效果评价、冷态验收工作
2	检修后检修资料整理和归档是否符合要求，分类是否齐全、分工是否明确
3	根据启动运行参数，开展检修前后对比分析，修后指标一般应达到设计值或好于修前值
4	热工三率（完好率、合格率、投入率）、电气仪表正确率、保护动作正确率等可靠性指标记录文件齐全、无误
5	检修后是否结合检修情况、技改情况对检修规程、运行规程、图纸的内容进行修编
6	检修后是否集合文件包实际使用中出现的问题以及工作程序、质量标准、物料准备等方面对文件包进行修编
7	设备台账更新时间是否符合要求，内容是否符合实际检修情况

附　　录

附录 A　三年滚动规划及检修工期计划

项目公司名称	机组编号	容量（MW）	脱硫系统累计运行时间	上次 A 修竣工时间	上次 B 修竣工时间	上次 C 修竣工时间	×××× 年检修计划					两年检修等级预测	
							申请开工日期	计划竣工日期	工期（天）	检修级别	重点项目（含技改）	N+1	N+2

附录 B　设备检修全过程管理控制表

序号	阶段	项目	执行部门	完成日期	工作内容与要求
1	一、修前准备阶段	检修项目及组织管理体系策划	检修管理部	提前 60 天	（1）编制检修准备工作计划（检修准备任务书）。 （2）建立检修管理组织体系，并明确职责和分工。 （3）完成检修项目计划编制，确保：①项目正确齐全，有审批手续；②项目具有可操作性
2		修前各项工作内容落实	检修管理部	提前 30 天	检修计划落实、措施落实、检修物资落实、检修工器具落实、检修资料落实、检修开工条件落实，组织与人员落实
3		修前诊断	检修管理部	提前 10 天	修前评估报告主要包括脱硫系统概况、设备存在的缺陷及隐患、修前设备参数与设计值对比，缺陷发生情况及处理建议、同类型脱硫系统发生的问题及建议，目前的设备状况及建议进行检修中应关注的问题及建议等
4		开工条件落实	检修管理部	提前 5 天	（1）起吊设备、施工机械及物资已按计划到位，安全用具和试验器械已经检查并试验合格。 （2）劳动力、施工机具、专用工具、外委工程人员均已落实。 （3）隔离条件、定置管理已落实
5		召开检修动员会	检修管理部	提前 3 天	（1）介绍检修情况及主要工期控制节点，检修质量管控及相关检修期间事宜要求。 （2）对现场安健环管理做具体要求。 （3）相关人员对检修安全文明管理办法进行宣贯。 （4）参检修单位做表态发言。 （5）项目公司负责人做动员报告
6	二、检修过程阶段	检修协调会	检修管理部	每天	（1）通报当天检修质量、进度、安全事项。 （2）研究解决重大技术问题。 （3）协调各专业之间的关系

续表

序号	阶段	项目	执行部门	完成日期	工作内容与要求
7		解体报告会	检修管理部	解体结束后	分析解体中发现问题，并制订下一步对策、计划
8	二、检修过程阶段	现场管理	检修管理部	开始至结束	（1）W、H 点按计划进行，做一项验收一项，不漏完点、不漏点查点。发现不合格按"不合格项管理程序"处理。 （2）不能进行下道工序工作的，达不到标准和工艺要求的，行使质检"否决权"。 （3）按检修作业文件进行验收和监督。 （4）记录完整、清晰、规范，符合要求。 （5）重大项目作业，执行相关领导及技术人员到场制度
9		整体冷态验评	项目公司	启动前	（1）检修工作已全部结束，项目已全部完成（质监计划、技术监督、质量验收、试验报告、现场记录等）全部按要求完成。 （2）技术资料 H/W 点检验、各项试验）。 （3）照明已恢复。 （4）现场文明卫生已达到标准。 （5）已向运行人员做检修情况交底，异动执行报告已全部送交运行。 （6）不合格项已全部做了处理。 （7）安全措施已恢复，电气设备符合要求。 （8）保温已全恢复。 （9）阀门手轮完整，标识牌正确、齐全。 （10）消防设施完整可用
10	三、启动运行阶段	试运启动及运行	项目公司	机组启动至带满负荷	对设备做全面检查，运行正常，并能带满负荷运行，报复役
11	四、总结评价及后续阶段	检修后续工作	检修管理部	修后 60 天	（1）完成检修记录、技术资料、检修总结（包括专题、专业、综合、技术监督等内容，并进行技术资料整理、归类、汇编。 （2）检修作业文件和检修规程的修订完善。 （3）结合脱硫系统修前、修中、修后检查结果，组织开展脱硫系统等级检修后评价

附录 C　修前设备评估报告

____脱硫系统____级检修前设备评估报告

（示例，参考使用）

批准：_____

审核：_____

编制：_____

____年____月____日

一、脱硫系统概况

二、设备评估

填写附录 L：脱硫系统修前（后）参数测试表

（一）重要设备及附属系统

1. 设备存在的缺陷和隐患

列出设备存在的缺陷和隐患，确定风险等级，提出处理建议。

2. 设备参数与设计值对比

设备参数与设计值对比是否存在偏差，分析产生的原因，提出处理建议（包括运行参数和性能参数）。

3. 同类型设备发生的缺陷或隐患

列出同类型设备发生的缺陷或隐患，作为本次检修关注的重点，做好准备工作。

（二）主要设备及附属系统

评估要求同"重要设备及附属系统"。

（三）一般设备及附属系统

评估要求同"重要设备及附属系统"。

（四）其他设备

随脱硫系统检修的部分公用系统和设备，评估要求同"重要设备及附属系统"。

三、结论及建议

（1）存在的主要问题及处理建议：_____。

（2）运行中采取的监控措施：_____。

（3）同类型脱硫系统发生的问题及建议：_____。

（4）缺陷发生情况及建议：_____。

（5）目前脱硫系统的设备状况及建议：_____。

（6）在脱硫系统进行检修中应关注的问题及建议：_____。

四、结束语

附录 D　标 准 项 目 计 划

___年___号机组脱硫　专业___级检修标准项目计划

___年___号机组脱硫　　专业___级检修标准项目计划
批准：_____ 审定：_____ 审核：_____ 编制：_____   _____公司___分（子）公司 二〇___年___月___日

_____电厂（公司）___号机___级检修

序号	设备名称	检修项目	工艺与质量标准	质检点	验收等级	项目负责人	备注
1		内部石膏、结晶及杂物清理	（1）工艺要求： 1）沉淀浆液及杂质清理。 2）塔内积浆及壁板结晶清理干净。 （2）质量标准： 清理后见防腐层本色，且不破坏防腐层	H	三级		
1.1	吸收塔内部设备检修						
1.2		内部防腐检查（目测，电火花）	（1）工艺要求： 1）内部防腐层目测检查。 2）内部防腐层电火花检查。 3）内部防腐层厚度检查。 （2）质量标准： 1）目测防腐检查无鼓包、脱落、开胶、开裂现象。 2）重点部位用电火花检测仪检测，4～6kW电压不漏电。 3）使用测厚仪检测重点部位防腐层，厚度不小于原有厚度，筒体内壁衬胶平整、无破皮脱落，各搭接缝光滑无翘起、断裂等缺陷，衬里上应无气泡、夹杂物、粗糙处、裂缝或者其他机械性损伤等缺陷	H			
1.3		循环泵入口滤网清理	（1）工艺要求： 1）滤网结垢及杂质清理。 2）滤网连接螺栓检查。 （2）质量标准： 1）清理后滤网无堵塞孔洞、孔洞大小一致，且滤网见本色。 2）螺栓无腐蚀脱落，紧固可靠	H			
…							

附录 E　特殊项目计划汇总表

序号	项目名称	项目简要描述（目前状况，修理内容，达到效果等）	负责人	验收人	备注
1					
2					
3					

附录 F　检 修 开 工 报 告

脱硫系统检修开工报告

时间：＿＿＿年＿＿＿月＿＿＿日

申报单位（公章）		项目名称	
计划开、竣工时间		计划工期	
修前脱硫系统状态分析			
主要项目			
修后目标			
准备工作情况			
项目公司审核意见			

（公章）　年　月　日

注　本报告于检修开工前一周上报，不足部分可附页说明。

附录 G 脱硫系统设备检修工艺纪律表

序号	必须	不准
一	热机检修工艺纪律	
1	任何零部件都必须放置在胶皮、木板、枕木或专用架上，齿轮、轴、阀芯、门杆、螺栓螺纹等重要部件要及时遮盖防护，工器具、材料等不准直接放在地面上，检修现场执行"三不落地"原则	不允许直接放在地面上，重要部件不准磕碰
2	各种零部件拆前必须做标记，各种部件、螺栓、螺母拆前必须编号，复装时按标记、编号装回原位	不准不做标记、不编号，不准乱装
3	管道的阀门盖拆下后或阀门拆下，门盖法兰或管口必须用白铁皮或其他硬板临时封堵，并贴封条。直径大于200mm的必须贴封条，仪表管用胶布封口	不准敞口，不准用破布、棉纱或木塞封堵
4	检修拆下的油管道口必须用整布封好	不准用破布、棉纱或木塞封堵
5	检修拆下的轴承、齿轮和轴等必须放置在木板或胶皮垫上或专用架上	不准随便放在水泥地面上，不准磕碰
6	起重用的钢丝绳捆绑在金属或梁柱的棱角处必须用木块或麻袋布垫在中间	不准不加垫块直接捆在梁柱上
7	轴承拆装必须用铜棒敲打	不准用手锤或其他铁件直接敲打
8	焊接承压部件时，必须用引弧板引焊，焊工要打钢印代号	不准在承压部件上引焊
9	检修压力容器每天收工时，两端的人孔门必须加封条，只有工作负责人可以启封	不准不加封条下班，非工作负责人不准启封
10	解体后的变速箱盖、轴齿轮必须用木板垫好，下班时用塑料布盖好	不准直接放在水泥地面上，不准裸露或碰伤
11	检修用的临时电源线必须接在固定的检修电源盘上	不准随便接在运行的电源盘上
12	吊出的零部件接合面必须放置在木板上，在接合面上工作必须穿软底鞋	不准直接放在水泥地面上，不准穿带钉的鞋子
13	进入吸收塔、AFT塔、箱罐、磨煤机筒体内等受限空间作业必须穿专用的工作服	
14	登上轴承座必须穿软底鞋	不准穿带钉的鞋子在上面工作
15	进、出受限空间的工具必须进行登记	不准随便带入，取走要注销
16	零部件结合面必须用篷布遮盖保护	不准裸露磕碰
17	电动机转子、泵轴等吊出后，必须放在干燥的地方，并立即进行金属监督检查清理，清理后，用篷布遮盖保护	不准在潮湿的环境中，不准不及时清理引起腐蚀

序号	必须	不准
18	拆开后的管口、喷嘴、疏水口必须及时封堵，并进行登记，取出时要注销	不准敞口，不准用棉纱、破布塞堵
19	热套装部件必须按工艺要求进行	不准随意用火把烤
20	拆装设备必须按图施工	不准盲目敲打硬撬
21	螺栓、法兰紧固丝扣必须遮盖保护	不准裸露磕碰起毛刺
22	各种密封材料、垫子、材质、规格尺寸必须准确	不准滥用、误用
23	用电焊进行焊接转动机械时，必须接地线。焊接承压部件，必须用引弧板引焊，焊工要打钢印代号	不准通过轴及轴承组成焊接回路
24	清理高速零部件必须用白绸布	不准用棉纱、破布
25	清理油箱、轴承室、轴瓦必须用面团和白绸布	不准用棉纱、破布
26	阀门检修后必须恢复编号、名称、开关方向等各种标示、标志牌。标志牌清晰干净	不准丢失或漏装，标示不准污染、模糊不清，严禁错误
27	修后设备安全可靠	不准有装置性违章
28	设备修后达到见本色	不准有卫生死角，不准有乱涂乱画字迹等
二	电气检修工艺纪律	
1	电动机端盖打开后，必须用篷布或塑料布完整保护定子线圈	不准损伤定子线圈
2	抽出的电动机转子必须用篷布遮盖保护	不准损伤和污脏
3	拆开的各水管、油管必须封口	不准用棉纱、布头、纸团堵口
4	绝缘材料和部件必须按防潮要求存放保管	不得随意乱放
5	硬母线连接必须平整接触良好	不准有毛刺、氧化层和油污
6	二次接线必须排列整齐，编号准确，标志清楚	不准交叉乱接，编号不清
三	热工检修工艺纪律	
1	拆装、复装、搬运仪表、仪控设备必须轻拿、轻放	不准碰撞和损伤
2	复装仪表、仪控设备紧固件必须完整，螺栓均匀用力上紧	不准短缺螺栓或垫圈
3	接触集成模板、插件前必须先采取防静电措施和释放静电	不准未经过释放静电和无防静电措施就接触集成模块插件
4	接线完毕必须清理接线箱、盒内部，然后关闭门盖	不准遗留多余线鼻和导线
5	装测温元件前必须清理螺纹和插座，没有毛刺	不准硬紧丝
6	更换补偿导线必须整根导线	不准中间接头或绝缘破损
7	拆下的仪表朝上管口必须用布包扎	不准管口敞口朝上
8	复装仪表接电源时必须正确接入火线零线	不准接错电源

序号	必须	不准
9	拆装传感器、引线前置器必须小心，记好编号	不准碰撞和损失
10	更换热工电源的熔丝，必须按规定的容量更换	不准任意改变熔丝的容量
四	保温铁皮、刷漆、地板砖工艺纪律	
1	所有输送热介质管道、阀门、法兰必须保温	不准阀体、法兰裸露不保温
2	异形部位保温必须紧密结合	不准保温材料与被保温部件间有虚脱现象
3	保温材料运输传递必须轻拿轻放	不准损伤棱角
4	现场临时存放保温材料必须防潮、防碰防砸	不准堆在通道和易损伤的场所
5	保温材料下料必须按尺寸准确，外表整齐	不准随便切割
6	保温层厚度必须符合规定	不准任意减薄或加厚
7	保温层外铁皮必须在保温层验收合格后恢复	不准丢失和破坏
8	保温完整，无裂纹、脱落，抹面平整、坚固；局部修补与原保温过度平滑；按保温工艺程序，安全生产部管理人员组织验收	不准有开裂、直径不一、疏松脱皮等
9	保温施工完毕后，应进行用料、规格、接缝、外观平整、包扎等项目的中间验收，然后方能进行保护层的施工；竖管和弯头处的保温外护板应上层压下层，密封严实，应有整体防进水功能；保温铁皮完整、整洁，固定牢固；颜色与原物体一致	不准开裂、松脱、污染、锈蚀，不能进水
10	补刷漆（或喷漆）时先清理、除锈干净，刷一遍铁红防锈漆（限钢结构），然后刷面漆两遍；除锈验收合格再进行下一道工序；涂刷或喷漆后表面的色调应均匀一致，要求表面光滑、颜色一致、厚度均匀，无透底斑迹、脱落、皱纹、流痕、浮膜、漆粒、明显刷痕、针孔、气泡及空鼓等；车间管理人员组织对除锈、底漆、面漆等工序节点进行验收	不准不清理、除锈直接刷面漆，不准面漆色差大、刷漆污染周围设备、设施
11	地板砖平整无缺角、裂纹缺陷，颜色一致、尺寸一致、粘贴牢固、美观，检修时做好防护，避免污染和损坏	不准色差大、凸凹不平、松脱等，不准不做防护直接在地板砖上放置重物或进行焊接、刷漆等作业
12	焊接、气割、打磨等工作要做好环境和人身防护	不准污染周围环境，不能对地面砖、保温、油漆造成损坏，更不能隔层污染

附录H 设备试运转联系单

编号：_____　　　　　　　　　　　　时间：___年___月___日

试运设备名称			试运转负责人		
检修交底（试运范围及注意事项）					
试运状态	□单体试转　□其他方式　□有方案　□无方案				
计划开始时间	年 月 日 时 分		计划结束时间	年 月 日 时 分	
专业会签	工作情况交底			专业专工	
	工作票	交回工作票号码		签字	日期
动火	□终结　□交回				
机务	□终结　□交回				
电气	□终结　□交回				
热控	□终结　□交回				
签发人			签发时间		
试运许可人			许可时间		

试运转结果（由运行记录）（可附页）：

□合格　　　　　□不合格　　　　审核人：　　　　　记录人：

工作负责人意见	签字：　　　时间：
专业专工意见	签字：　　　时间：

附录Ⅰ 竣 工 报 告 单

脱硫系统检修竣工报告单

报送日期：＿＿＿年＿＿＿月＿＿＿日

申报单位（公章）		脱硫系统编号 / 检修等级	
实际开 / 竣工时间	年 月 日至 年 月 日	实际工期	天

主要项目完成情况：

发现及处理的重大缺陷：

主要检修遗留工作及处理措施：

主要节点时间：
（1）停机时间：
（2）吸收塔排浆、注浆时间：
（3）检修竣工时间：
（4）机组并网时间：

脱硫系统并入主机运行情况：

注 本报告于检修竣工后 3 日内上报，不足部分可附页说明。

附录 J 检 修 总 结

_____公司____分（子）公司

____脱硫系统____级检修总结

批准：_____

审定：_____

审核：_____

编写：_____

_____年_____月_____日

_____脱硫系统于_____年___月___日___时，停机进行第_____次___修，至_____年___月___日___时报竣工，实际工期___天___时，共计___日。

由上次 A 级检修至此次 A 级检修间运行小时数____；备用小时数____。

两次 A 级检修间 B 级检修____次，停用小时数____。

两次 A 级检修间 C 级检修____次，停用小时数____。

两次 A 级检修间 D 级检修____次，停用小时数____。

两次 A 级检修间其他检修____次，停用小时数____。

____修主要情况汇总如下：

1. 检修项目完成情况

内容	标准项目	非标项目	重大技措改造项目	增加项目	减少	检修项目合计	备注
机务							
电气							
热工							
合计							

2. 三级验收情况

内容	三级（厂级）验收				二级（分段）验收				一级（零星）验收				备注
	合计	优	良	合格	合计	优	良	合格	合计	优	良	合格	
机务													
电气													
热工													
合计													

3. 质量监督情况

内容	H 点			W 点			不符合项通知单	备注
	合格	不合格	合计	合格	不合格	合计	合计	
机务								
电气								
热工								
合计								

4. 技术监督情况

内容	金属监督		化学监督		绝缘监督		仪表监督		热工监督		备注
	计划	实际	计划	实际	计划	实际	计划	实际	计划	实际	
数量											

5. 热控"三率"情况

内容	保护投入率				自动投入率				仪表正确率（%）	备注
	计划		实际		计划		实际			
	投入数	%	投入数	%	投入数	%	投入数	%		
数值										

6. 检修文件包（三措两案）使用情况

内容	计划数	实际使用数	覆盖率（%）		备注
			一般项目	特殊项目	
机务					
电气					
热工					
合计					

7. 检修工时、费用情况

（1）检修工时、计划费用使用情况。

序号	项目名称	耗用工时	年初计划费用（万元）	实际费用（万元）		
				备品配件（含材料）	外委人工	施工机械
1	标准项目					
2	特殊项目					
2.1	具体特殊项目名称					
⋮						

（2）人工和费用分析（特殊项目需逐项分析）。

8. 安全情况

统计	人身		设备		备注
	轻伤以上累计数	事例和分析	障碍以上累计数	事例和分析	

9. 检修前后重要（主要）设备技术指标分析。

对修前（后）重要（主要）设备参数测试情况进行分析说明。

10. 文字说明

（1）施工组织与安全情况。

（2）检修文件包（三措两案）应用情况。

（3）检修中消除的设备重大缺陷及采取的主要措施。

（4）设备重大改进内容和效果。

（5）自动、保护、联锁、定置变动情况。

（6）检修后尚存在的主要问题及准备采取的对策。

（7）其他。

附录 K 修 后 评 价

_____公司____分（子）公司

修后评价

批准：_____

审定：_____

审核：_____

编写：_____

_____年_____月_____日

（1）检修概况。

（2）检修项目完成情况及未完成项目原因说明。

（3）检修前存在的缺陷及隐患的处理情况。

（4）检修中发现的缺陷及处理情况。

（5）遗留问题及采取的防范措施。

（6）质检点一次验收合格率及项目验收优良率。

（7）设备变更情况。

（8）保护传动、设备试验、试运情况。

（9）检修工作票执行情况。

（10）现场设备标牌、标识、基础地面、环境清洁情况。

（11）修前评估回复。

（12）设备渗漏率。

（13）修后1月内设备缺陷发生数量及缺陷原因分析。

（14）设备存在的主要问题及今后的技术措施。

（15）评价结论。

附录 L　脱硫修前（后）参数测试表

脱硫修前（后）参数测试表

序号	测试系统（设备）	名称	单位	标准值（设计值）	指标参数控制范围				修前偏差因素、偏差原因简要说明	本次检修采取的措施	缺陷、隐患登记	修后偏差原因简要说明	备注
					修前实测值	修前实测值偏离幅度（%）	修后实测值	修后实测值偏离幅度（%）					
1	浆液循环泵测试条件	吸收塔（AFT塔）液位	m										
2		浆液密度	kg/m³										
3		环境温度	℃										
4	浆液循环泵测试项目	电流	A										
5		线圈温度 1	℃										
6		线圈温度 2	℃										
7		线圈温度 3	℃										
8		电动机叶轮侧轴承温度	℃										
9		电动机风扇侧轴承温度	℃										

续表

序号	测试系统（设备）	名称	单位	标准值（设计值）	指标参数控制范围				修前偏差因素、偏差原因简要说明	本次检修采取的措施	缺陷、隐患登记	修后偏差原因简要说明	备注
					修前实测值	修前实测值偏离幅度（%）	修后实测值	修后实测值偏离幅度（%）					
10	浆液循环泵测试项目	电动机叶轮侧轴承轴向振动	mm										
11		电动机叶轮侧轴承水平振动	mm										
12		电动机叶轮侧轴承垂直振动	mm										
13		电动机风扇侧轴承轴向振动	mm										
14		电动机风扇侧轴承水平振动	mm										
15		电动机风扇侧轴承垂直振动	mm										
16		轴承座电动机侧轴承温度	℃										
17		轴承座叶轮侧轴承温度	℃										
18		轴承座电动机侧轴向振动	mm										
19		轴承座电动机侧水平振动	mm										
20		轴承座电动机侧垂直振动	mm										

续表

序号	测试系统（设备）	名称	单位	标准值（设计值）	指标参数控制范围					修前偏差因素、偏差原因简要说明	本次检修采取的措施	缺陷、隐患登记	修后偏差原因简要说明	备注
					修前实测值	修前实测值偏离幅度（%）	修后实测值	修后实测值偏离幅度（%）						
21		轴承座叶轮侧轴向振动	mm											
22		轴承座叶轮侧水平振动	mm											
23		轴承座叶轮侧垂直振动	mm											
24		减速机高速轴电动机侧轴承温度	℃											
25		减速机高速轴叶轮侧轴承温度	℃											
26	浆液循环泵测试项目	减速机低速轴电动机侧轴承温度	℃											
27		减速机低速轴叶轮侧轴承温度	℃											
28		减速机油温	℃											
29		减速机高速轴电动机侧轴承轴向振动	mm											
30		减速机高速轴叶轮侧轴承水平振动	mm											
31		减速机高速轴叶轮侧轴承垂直振动	mm											

续表

序号	测试系统（设备）	名称	单位	标准值（设计值）	指标参数控制范围				修前偏差因素、偏差原因简要说明	本次检修采取的措施	缺陷、隐患登记	修后偏差原因简要说明	备注
					修前实测值	修前实测值偏离幅度（%）	修后实测值	修后实测值偏离幅度（%）					
32		减速机低速轴电动机侧轴承轴向振动	mm										
33		减速机低速轴电动机侧轴承水平振动	mm										
34	浆液循环泵测试项目	减速机低速轴电动机侧轴承垂直振动	mm										
35		出口压力	MPa										
36		入口压力	kPa										
1	离心泵（清水泵）测试条件	相同流量（用水负荷）	m³/h	以相同的流量或固定的用水阀门开度或某固定支路阀门全开用水流量为测试条件									
2		环境温度	℃										
3		水箱液位	m										

续表

序号	测试系统（设备）	名称	单位	标准值（设计值）	指标参数控制范围				修前偏差因素、偏差原因简要说明	本次检修采取的措施	缺陷、隐患登记	修后偏差原因简要说明	备注
					修前实测值	修前实测值偏离幅度（%）	修后实测值	修后实测值偏离幅度（%）					
4		电流	A										
5		电动机叶轮侧轴承温度	℃										
6		电动机风扇侧轴承温度	℃										
7		电动机叶轮侧轴承轴向振动	mm										
8		电动机叶轮侧轴承水平振动	mm										
9	离心泵（清水泵）测试项目	电动机叶轮侧轴承垂直振动	mm										
10		电动机风扇侧轴承轴向振动	mm										
11		电动机风扇侧轴承水平振动	mm										
12		电动机风扇侧轴承垂直振动	mm										
13		轴承座电动机侧轴承温度	℃										
14		轴承座叶轮侧轴承温度	℃										

续表

序号	测试系统（设备）	名称	单位	标准值（设计值）	指标参数控制范围				修前偏差因素、偏差原因简要说明	本次检修采取的措施	缺陷、隐患登记	修后偏差原因简要说明	备注
					修前实测值	修前实测值偏离幅度（%）	修后实测值	修后实测值偏离幅度（%）					
15		轴承座电动机侧轴向振动	mm										
16		轴承座电动机侧水平振动	mm										
17	离心泵（清水泵）测试项目	轴承座电动机侧垂直振动	mm										
18		轴承座叶轮侧轴向振动	mm										
19		轴承座叶轮侧水平振动	mm										
20		轴承座叶轮侧垂直振动	mm										
21		出口压力	MPa										
1		箱罐液位	m										
2		浆液密度	kg/m³										
3	离心泵（渣浆泵）测试条件	介质流量	m³/h	以相同的节流孔板孔径、回流阀开度、调节阀开度、旋流子投入人数等为测试条件									

续表

序号	测试系统（设备）	名称	单位	标准值（设计值）	指标参数控制范围				修前偏差因素、偏差原因简要说明	本次检修采取的措施	缺陷、隐患登记	修后偏差原因简要说明	备注
					修前实测值	修前实测值偏离幅度（%）	修后实测值	修后实测值偏离幅度（%）					
4		环境温度	℃										
5		电流	A										
6	离心泵（渣浆泵）测试项目	电动机叶轮侧轴承温度	℃										
7		电动机风扇侧轴承温度	℃										
8		电动机叶轮侧轴承轴向振动	mm										
9		电动机叶轮侧轴承水平振动	mm										
10		电动机叶轮侧轴承垂直振动	mm										
11		电动机风扇侧轴承轴向振动	mm										
12		电动机风扇侧轴承水平振动	mm										
13		电动机风扇侧轴承垂直振动	mm										
14		轴承座电动机侧轴承温度	℃										

续表

序号	测试系统（设备）	名称	单位	标准值（设计值）	指标参数控制范围				修前偏差因素、偏差原因简要说明	本次检修采取的措施	缺陷、隐患登记	修后偏差原因简要说明	备注
					修前实测值	修前实测值偏离幅度（%）	修后实测值	修后实测值偏离幅度（%）					
15	离心泵（渣浆泵）测试项目	轴承座叶轮侧轴承温度	℃										
16		轴承座电动机侧轴向振动	mm										
17		轴承座电动机侧水平振动	mm										
18		轴承座电动机侧垂直振动	mm										
19		轴承座叶轮侧轴向振动	mm										
20		轴承座叶轮侧水平振动	mm										
21		轴承座叶轮侧垂直振动	mm										
22		出口压力	MPa										
1	侧进式搅拌器测试条件	塔、灌液位	m										
2		浆液密度	kg/m³										
3		环境温度	℃										
4	侧进式搅拌器测试项目	电流	A										

续表

序号	测试系统（设备）	名称	单位	标准值（设计值）	指标参数控制范围				修前偏差因素、偏差原因简要说明	本次检修采取的措施	缺陷、隐患登记	修后偏差原因简要说明	备注
					修前实测值	修前实测值偏离幅度（%）	修后实测值	修后实测值偏离幅度（%）					
5		电动机皮带轮侧轴承温度	℃										
6		电动机风扇侧轴承温度	℃										
7		电动机皮带轮侧轴向振动	mm										
8		电动机皮带轮侧水平振动	mm										
9		电动机皮带轮侧垂直振动	mm										
10	侧进式搅拌器测试项目	电动机风扇侧轴向振动	mm										
11		电动机风扇侧水平振动	mm										
12		电动机风扇侧垂直振动	mm										
13		减速机轴承温度1	℃										
14		减速机轴承温度2	℃										
15		减速机轴承温度3	℃										

续表

序号	测试系统（设备）	名称	单位	标准值（设计值）	指标参数控制范围				修前偏差因素、偏差原因简要说明	本次检修采取的措施	缺陷、隐患登记	修后偏差原因简要说明	备注
					修前实测值	修前实测值偏离幅度（%）	修后实测值	修后实测值偏离幅度（%）					
16	侧进式搅拌器测试项目	减速机轴承温度4	℃										
17		减速机轴向最大振动值	mm										
18		减速机水平最大振动值	mm										
19		减速机垂直最大振动值	mm										
1	顶进式搅拌器测试条件	箱罐液位	m										
2		介质密度	kg/m³										
3		环境温度	℃										
4	顶进式搅拌器测试项目	电流	A										
5		电动机负荷侧轴承温度	℃										
6		电动机风扇侧轴承温度	℃										
7		电动机圆周振动1	mm										
8		电动机圆周振动2	mm										
9		电动机轴向振动	mm										
10		减速机温度	℃										

续表

序号	测试系统（设备）	名称	单位	标准值（设计值）	指标参数控制范围				修前偏差因素、偏差原因简要说明	本次检修采取的措施	缺陷、隐患登记	修后偏差原因简要说明	备注
					修前实测值	修前实测值偏离幅度（%）	修后实测值	修后实测值偏离幅度（%）					
11	顶进式搅拌器测试项目	减速机轴向振动最大值	mm										
12		减速机水平振动最大值	mm										
1	氧化风机（罗茨风机）测试条件	吸收塔（AFT塔）液位	m										
2		浆液密度	kg/m³										
3		冷却水阀开度	%										
4		环境温度	℃										
5		同时运行台数	台										
6		电流	A										
7	氧化风机（罗茨风机）测试项目	电动机负荷侧轴承温度	℃										
8		电动机风阀侧轴承温度	℃										
9		电动机负荷侧轴承轴向振动	mm										
10		电动机负荷侧轴承水平振动	mm										
11		电动机负荷侧轴承垂直振动	mm										

续表

序号	测试系统（设备）	名称	单位	标准值（设计值）	修前实测值	修前实测值偏离幅度（%）	修后实测值	修后实测值偏离幅度（%）	修前偏差因素、偏差原因简要说明	本次检修采取的措施	缺陷、隐患登记	修后偏差原因简要说明	备注
12		电动机风扇侧轴承轴向振动	mm										
13		电动机风扇侧轴承水平振动	mm										
14		电动机风扇侧轴承垂直振动	mm										
15		本体轴承温度1	℃										
16		本体轴承温度2	℃										
17	氧化风机（罗茨风机）测试项目	本体轴承温度3	℃										
18		本体轴承温度4	℃										
19		本体传动端轴向振动	mm										
20		本体传动端水平振动	mm										
21		本体传动端垂直振动	mm										
22		本体自由端轴向振动	mm										
23		本体自由端水平振动	mm										

续表

序号	测试系统（设备）	名称	单位	标准值（设计值）	指标参数控制范围				修前偏差因素、偏差原因简要说明	本次检修采取的措施	缺陷、隐患登记	修后偏差原因简要说明	备注
					修前实测值	修前实测值偏离幅度（%）	修后实测值	修后实测值偏离幅度（%）					
24	氧化风机（罗茨风机）测试项目	本体自由端垂直振动	mm										
25		出口压力	kPa										
1	高速离心风机测试条件	吸收塔（AFT塔）液位	m										
2		浆液密度	kg/m³										
3		冷却水阀开度	%										
4		环境温度	℃										
5		进气温度	℃										
6		入口调阀开度	%										
7		电流	A										
8		电动机线圈温度1	℃										
9		电动机线圈温度2	℃										
10		电动机线圈温度3	℃										
11	高速离心风机测试项目	电动机负荷侧轴承温度	℃										
12		电动机风扇侧轴承温度	℃										
13		电动机负荷侧轴承轴向振动	mm										
14		电动机负荷侧轴承水平振动	mm										

续表

序号	测试系统（设备）	名称	单位	标准值（设计值）	指标参数控制范围				修前偏差因素、偏差原因简要说明	本次检修采取的措施	缺陷、隐患登记	修后偏差原因简要说明	备注
					修前实测值	修前实测值偏离幅度（%）	修后实测值	修后实测值偏离幅度（%）					
15		电动机负荷侧轴承垂直振动	mm										
16		电动机风扇侧轴承轴向振动	mm										
17		电动机风扇侧轴承水平振动	mm										
18		电动机风扇侧轴承垂直振动	mm										
19		风机叶轮侧轴承温度	℃										
20	高速离心风机测试项目	风机电动机侧轴承温度	℃										
21		风机推力轴承温度	℃										
22		风机在线振动值	μm										
23		风机电动机侧轴承轴向振动	mm										
24		风机电动机侧轴承水平振动	mm										
25		风机电动机侧轴承垂直振动	mm										
26		风机叶轮侧轴承轴向振动	mm										

续表

序号	测试系统(设备)	名称	单位	标准值(设计值)	修前实测值	修前实测值偏离幅度(%)	修后实测值	修后实测值偏离幅度(%)	修前偏差因素、偏差原因简要说明	本次检修采取的措施	缺陷、隐患登记	修后偏差原因简要说明	备注
						指标参数控制范围							
27		风机叶轮侧轴承水平振动	mm										
28		风机叶轮侧轴承垂直振动	mm										
29	高速离心风机测试项目	风机油箱温度	℃										
30		供油温度	℃										
31		供油压力	kPa										
32		出口压力	kPa										
33		出口风量	m³/h										
34		辅助油泵出口压力	kPa										
1	水环真空泵测试条件	真空度	kPa										
2		密封水流量	m³/h										
3		环境温度	℃										
4		电流	A										
5	水环真空泵测试项目	电动机负荷侧轴承温度	℃										
6		电动机风瓣侧轴承温度	℃										
7		电动机负荷侧轴承轴向振动	mm										

续表

序号	测试系统（设备）	名称	单位	标准值（设计值）	指标参数控制范围				修前偏差因素、偏差原因简要说明	本次检修采取的措施	缺陷、隐患登记	修后偏差原因简要说明	备注
					修前实测值	修前实测值偏离幅度（%）	修后实测值	修后实测值偏离幅度（%）					
8	水环真空泵测试项目	电动机负荷侧轴承水平振动	mm										
9		电动机负荷侧轴承垂直振动	mm										
10		电动机风扇侧轴承轴向振动	mm										
11		电动机风扇侧轴承水平振动	mm										
12		电动机风扇侧轴承垂直振动	mm										
13		本体轴承温度1	℃										
14		本体轴承温度2	℃										
15		本体轴向振动	mm										
16		本体水平振动	mm										
17		本体垂直振动	mm										
1	除雾器测试条件	除雾器冲洗水泵出口母管压力	MPa										
2		除雾器冲洗后时间	min										
3		原烟气流量	m³/h										
4	除雾器测试项目	除雾器差压	Pa										

续表

序号	测试系统（设备）	名称	单位	标准值（设计值）	指标参数控制范围				修前偏差因素、偏差原因简要说明	本次检修采取的措施	缺陷、隐患登记	修后偏差原因简要说明	备注
					修前实测值	修前实测值偏离幅度（%）	修后实测值	修后实测值偏离幅度（%）					
5	除雾器测试项目	除雾器冲洗前自励阀后压力	MPa										
6		除雾器冲洗时自励阀后压力	MPa	需分别记录									
1	脱水皮带机测试条件	驱动电动机频率	Hz										
2		滤饼厚度	mm										
3		石膏含水率	wt%										
4		真空度	kPa										
5		环境温度	℃										
6		驱动电流	A										
7	脱水皮带机测试项目	减速机高速轴轴承温度1	℃										
8		减速机高速轴轴承温度2	℃										
9		减速机低速轴轴承温度1	℃										
10		减速机低速轴轴承温度2	℃										
11		减速机油油温	℃										

续表

序号	测试系统（设备）	名称	单位	标准值（设计值）	指标参数控制范围				修前偏差因素、偏差原因简要说明	本次检修采取的措施	缺陷、隐患登记	修后偏差原因简要说明	备注
					修前实测值	修前实测值偏离幅度（%）	修后实测值	修后实测值偏离幅度（%）					
12	脱水皮带机测试项目	减速机轴向振动	mm										
13		减速机水平振动	mm										
14		减速机垂直振动	mm										
15		电动机负荷侧轴承温度	℃										
16		电动机风扇侧轴承温度	℃										
17		电动机负荷侧轴向振动	mm										
18		电动机负荷侧水平振动	mm										
19		电动机负荷侧垂直振动	mm										
20		电动机风扇侧轴向振动	mm										
21		电动机风扇侧水平振动	mm										
22		电动机风扇侧垂直振动	mm										
1	水膜除尘装置（DUC）测试条件	除尘水箱浊度	mg/L										
2		原烟气流量	m³/h										
3		除尘水箱液位	m										

续表

序号	测试系统（设备）	名称	单位	标准值（设计值）	指标参数控制范围				修前偏差因素、偏差原因简要说明	本次检修采取的措施	缺陷、隐患登记	修后偏差原因简要说明	备注
					修前实测值	修前实测值偏离幅度（%）	修后实测值	修后实测值偏离幅度（%）					
4	水膜除尘装置（DUC）测试条件	除尘水泵电流	A										
5		除尘水泵出口压力	MPa										
6	水膜除尘装置（DUC）测试项目	出口粉尘浓度	mg/L										
7		DUC差压	Pa										
1	温式球磨煤机测试条件	下料量	t/h										
2		水料比											
3		水/过滤水制浆											
4		钢球装载量	t										
5		磨煤机入口补水流量	t/h										
6		润滑油站油温度	℃										
7		环境温度	℃										
8	湿式球磨煤机测试项目	磨煤机主电动机电流	A										
9		减速机主输入轴轴承温度1	℃										
10		减速机主输入轴轴承温度2	℃										

续表

序号	测试系统(设备)	名称	单位	标准值(设计值)	指标参数控制范围				修前偏差因素、偏差原因简要说明	本次检修采取的措施	缺陷、隐患登记	修后偏差原因简要说明	备注
					修前实测值	修前实测值偏离幅度(%)	修后实测值	修后实测值偏离幅度(%)					
11		减速机输出轴轴承温度1	℃										
12		减速机输出轴轴承温度2	℃										
13		减速机轴油温	℃										
14		减速机轴向振动	mm										
15		减速机水平振动	mm										
16		减速机垂直振动	mm										
17		传动轴前轴承座水平振动	mm										
18	湿式球磨煤机测试项目	传动轴前轴承座轴向振动	mm										
19		传动轴前轴承座垂直振动	mm										
20		传动轴后轴承座水平振动	mm										
21		传动轴后轴承座轴向振动	mm										
22		传动轴后轴承座垂直振动	mm										
23		电动机负荷侧轴承温度	℃										

续表

序号	测试系统（设备）	名称	单位	标准值（设计值）	修前实测值	修前实测值偏离幅度（%）	修后实测值	修后实测值偏离幅度（%）	修前偏差因素、偏差原因简要说明	本次检修采取的措施	缺陷、隐患登记	修后偏差原因简要说明	备注
								指标参数控制范围					
24		电动机风扇侧轴承温度	℃										
25		电动机负荷侧轴向振动	mm										
26		电动机负荷侧水平振动	mm										
27		电动机负荷侧垂直振动	mm										
28		电动机风扇侧轴向振动	mm										
29	湿式球磨煤机测试项目	电动机风扇侧水平振动	mm										
30		电动机风扇侧垂直振动	mm										
31		电动机线圈温度1	℃										
32		电动机线圈温度2	℃										
33		电动机线圈温度3	℃										
34		轴瓦油站油温	℃										
35		入料端轴瓦温度	℃										
36		出料端轴瓦温度	℃										
37		过筛率	%										

续表

序号	测试系统（设备）	名称	单位	标准值（设计值）	修前实测值	修前实测值偏离幅度（%）	修后实测值	修后实测值偏离幅度（%）	修前偏差因素、偏差原因简要说明	本次检修采取的措施	缺陷、隐患登记	修后偏差原因简要说明	备注
								指标参数控制范围					
38	湿式球磨煤机测试项目	喷射油耗	kg/t										
39		磨煤机效率	t/kWh										
40		磨煤机利用率	t/(m³·h)										
1	称重皮带给料机测试条件	下料量	t/h										
2		给定频率	Hz										
3		环境温度	℃										
4		称重给料机皮带驱动电动机负荷侧轴承温度	℃										
5		称重给料机皮带驱动电动机风扇侧轴承温度	℃										
6	称重皮带给料机测试项目	称重给料机皮带驱动电动机电流	A										
7		电动机圆周振动1	mm										
8		电动机圆周振动2	mm										
9		电动机轴向振动	mm										
10		皮带驱动减速机输入轴轴承温度1	℃										

续表

序号	测试系统（设备）	名称	单位	标准值（设计值）	修前实测值	修前实测值偏离幅度（%）	修后实测值	修后实测值偏离幅度（%）	修前偏差因素、偏差原因简要说明	本次检修采取的措施	缺陷、隐患登记	修后偏差原因简要说明	备注
11		皮带驱动减速机输入轴轴承温度2	℃										
12		皮带驱动减速机输出轴轴承温度1	℃										
13		皮带驱动减速机输出轴轴承温度2	℃										
14		皮带驱动减速机油温	℃										
15	称重皮带给料机测试项目	皮带驱动减速机轴向振动最大值	mm										
16		皮带驱动减速机水平振动最大值	mm										
17		皮带驱动减速机垂直振动最大值	mm										
18		称重给料机清扫装置电动机负荷侧轴承温度	℃										
19		称重给料机清扫装置电动机风扇侧轴承温度	℃										
20		称重给料机清扫装置电动机电流	A										

续表

序号	测试系统（设备）	名称	单位	标准值（设计值）	指标参数控制范围				修前偏差因素、偏差原因简要说明	本次检修采取的措施	缺陷、隐患登记	修后偏差原因简要说明	备注
					修前实测值	修前实测值偏离幅度（%）	修后实测值	修后实测值偏离幅度（%）					
21	称重皮带给料机测试项目	清扫装置电动机轴向振动最大值	mm										
22		清扫装置电动机水平振动最大值	mm										
23		清扫装置电动机垂直振动最大值	mm										
24		清扫装置减速机输入轴轴承温度1	℃										
25		清扫装置减速机输入轴轴承温度2	℃										
26		清扫装置减速机输出轴轴承温度1	℃										
27		清扫装置减速机输出轴轴承温度2	℃										
28		清扫装置减速机油温	℃										
29		清扫装置减速机轴向振动最大值	mm										
30		清扫装置减速机水平振动最大值	mm										
31		清扫装置减速机垂直振动最大值	mm										

续表

序号	测试系统（设备）	名称	单位	标准值（设计值）	指标参数控制范围				修前偏差因素、偏差原因简要说明	本次检修采取的措施	缺陷、隐患登记	修后偏差原因简要说明	备注
					修前实测值	修前实测值偏离偏度（%）	修后实测值	修后实测值偏离偏度（%）					
1	斗提机测试条件	振动给料机给料量（入口插板开度）	t/h（%）										
2		环境温度	℃										
3		连续运行时间	h										
4		驱动电动机电流	A										
5		驱动电动机负荷侧轴承温度	℃										
6		驱动电动机风扇侧轴承温度	℃										
7	斗提机测试项目	电动机轴向振动最大值	mm										
8		电动机水平振动最大值	mm										
9		电动机垂直振动最大值	mm										
10		减速机输入轴轴承温度 1	℃										
11		驱动减速机输入轴轴承温度 2	℃										
12		驱动减速机输出轴轴承温度 1	℃										

续表

序号	测试系统（设备）	名称	单位	标准值（设计值）	指标参数控制范围				修前偏差因素、偏差原因简要说明	本次检修采取的措施	缺陷、隐患登记	修后偏差原因简要说明	备注
					修前实测值	修前实测值偏离幅度（%）	修后实测值	修后实测值偏离幅度（%）					
13	斗提机测试项目	驱动减速机输出轴轴承温度2	℃										
14		驱动减速机油温	℃										
15		驱动减速机轴向振动最大值	mm										
16		驱动减速机水平振动最大值	mm										
17		驱动减速机垂直振动最大值	mm										
18		止回器温度	℃										
19		头轴轴承温度1	℃										
20		头轴轴承温度2	℃										
21		尾轴轴承温度1	℃										
22		尾轴轴承温度2	℃										
1	地坑泵测试条件	地坑液位	m										
2		环境温度	℃										
3	地坑泵测试项目	电流	A										
4		电动机前轴承温度	℃										
5		电动机后轴承温度	℃										
6		电动机圆周振动1	mm										

续表

序号	测试系统（设备）	名称	单位	标准值（设计值）	指标参数控制范围				修前偏差因素、偏差原因简要说明	本次检修采取的措施	缺陷、隐患登记	修后偏差原因简要说明	备注
					修前实测值	修前实测值偏离幅度（%）	修后实测值	修后实测值偏离幅度（%）					
7	地坑泵测试项目	电动机圆周振动2	mm										
8		电动机轴向振动	mm										
9		本体轴承温度1	℃										
10		本体轴承温度2	℃										
11		本体圆周振动1	mm										
12		本体圆周振动2	mm										
13		本体轴向振动	mm										

附录 M　检 修 文 件 包

_____电厂（公司）____号机____级检修

____号湿式球磨煤机检修文件包

文件号（Code）：20____-____-_____（汉语拼音字头）-____

批准：_____

审定：_____

审核：_____

编制：_____

_____公司____分（子）公司
___年___月___日

设备检修质量计划见表1。

表1

设备检修质量计划

公司设备检修质量计划	项目工程名称：___湿式球磨煤机			
设备验收分级：□一级 □二级 □三级	专业：□机务 □电气 □热工	检修类型：□A级 □B级 □C级 □D级 □临修	A：安生部负责人或电厂专业专工　W：见证检查点 B：安生部专业专工　H：停工待检点 C：班长	
	完工时工作负责人审查签名：		日期：	
	实施人员和见证人员评价及签名／日期：			

___号机组第___次

序号	作业内容	质量控制点选取			实施人员和见证人员评价及签名／日期		
		A	B	C	A	B	C
1	拆筒体人孔	W1	W1	W1	合格 张 ×× 20××.××.××	合格 张 ×× 20××.××.××	合格 张 ×× 20××.××.××
2	拆主轴承连接油管	W2	W2	W2	合格 张 ×× 20××.××.××	合格 张 ×× 20××.××.××	合格 张 ×× 20××.××.××
3	拆主轴瓦上盖	H1	H1	H1	合格 张 ×× 20××.××.××	合格 张 ×× 20××.××.××	合格 张 ×× 20××.××.××
4	筒体顶升	H2	H2	H2	合格 张 ×× 20××.××.××	合格 张 ×× 20××.××.××	合格 张 ×× 20××.××.××
5	清洗轴瓦、轴颈	W3	W3	W3	合格 张 ×× 20××.××.××	合格 张 ×× 20××.××.××	合格 张 ×× 20××.××.××
6	轴颈晃动度检查、修理	H3	H3	H3	合格 张 ×× 20××.××.××	合格 张 ×× 20××.××.××	合格 张 ×× 20××.××.××
7	轴瓦接触点检查	H4	H4	H4	合格 张 ×× 20××.××.××	合格 张 ×× 20××.××.××	合格 张 ×× 20××.××.××
8	轴瓦下壳体检查	W4	W4	W4	合格 张 ×× 20××.××.××	合格 张 ×× 20××.××.××	合格 张 ×× 20××.××.××
9	油管路检查清理	W5	W5	W5	合格 张 ×× 20××.××.××	合格 张 ×× 20××.××.××	合格 张 ×× 20××.××.××
10	轴瓦回装	W6	W6	W6	合格 张 ×× 20××.××.××	合格 张 ×× 20××.××.××	合格 张 ×× 20××.××.××
11	轴瓦调整	H5	H5	H5	合格 张 ×× 20××.××.××	合格 张 ×× 20××.××.××	合格 张 ×× 20××.××.××
12	轴瓦加注润滑油	W7	W7	W7	合格 张 ×× 20××.××.××	合格 张 ×× 20××.××.××	合格 张 ×× 20××.××.××
13	顶罐调试	H6	H6	H6	合格 张 ×× 20××.××.××	合格 张 ×× 20××.××.××	合格 张 ×× 20××.××.××
14	回装轴瓦密封圈	W8	W8	W8	合格 张 ×× 20××.××.××	合格 张 ×× 20××.××.××	合格 张 ×× 20××.××.××
15	回装连接短轴	W9	W9	W9	合格 张 ×× 20××.××.××	合格 张 ×× 20××.××.××	合格 张 ×× 20××.××.××
16	启动慢转试运	H7	H7	H7	合格 张 ×× 20××.××.××	合格 张 ×× 20××.××.××	合格 张 ×× 20××.××.××

续表

序号	作业内容	A	B	C	A	B	C
17	提升条衬板分组、加工	H8	H8	H8	合格张 ×× 20××-××-××	合格张 ×× 20××-××-××	合格张 ×× 20××-××-××
18	衬板、提升条回装	H9	H9	H9	合格张 ×× 20××-××-××	合格张 ×× 20××-××-××	合格张 ×× 20××-××-××
19	钢球回装	H10	H10	H10	合格张 ×× 20××-××-××	合格张 ×× 20××-××-××	合格张 ×× 20××-××-××
20	拆卸隐传装置	H11	H11	H11	合格张 ×× 20××-××-××	合格张 ×× 20××-××-××	合格张 ×× 20××-××-××
21	拆卸连接短轴	H12	H12	H12	合格张 ×× 20××-××-××	合格张 ×× 20××-××-××	合格张 ×× 20××-××-××
22	减速机拆解	H13	H13	H13	合格张 ×× 20××-××-××	合格张 ×× 20××-××-××	合格张 ×× 20××-××-××
23	减速机输入（出）轴与对轮配合测量	H14	H14	H14	合格张 ×× 20××-××-××	合格张 ×× 20××-××-××	合格张 ×× 20××-××-××
24	减速机零件检查、清洗	W10	W10	W10	合格张 ×× 20××-××-××	合格张 ×× 20××-××-××	合格张 ×× 20××-××-××
25	减速机回装	W11	W11	W11	合格张 ×× 20××-××-××	合格张 ×× 20××-××-××	合格张 ×× 20××-××-××
26	齿轮啮合同隙检查	H15	H15	H15	合格张 ×× 20××-××-××	合格张 ×× 20××-××-××	合格张 ×× 20××-××-××
27	减速机轴承轴向同隙调整	H16	H16	H16	合格张 ×× 20××-××-××	合格张 ×× 20××-××-××	合格张 ×× 20××-××-××
28	减速机壳体回装	W12	W12	W12	合格张 ×× 20××-××-××	合格张 ×× 20××-××-××	合格张 ×× 20××-××-××
29	减速机加油	W13	W13	W13	合格张 ×× 20××-××-××	合格张 ×× 20××-××-××	合格张 ×× 20××-××-××
30	找中心	H17	H17	H17	合格张 ×× 20××-××-××	合格张 ×× 20××-××-××	合格张 ×× 20××-××-××
31	连接对轮	W14	W14	W14	合格张 ×× 20××-××-××	合格张 ×× 20××-××-××	合格张 ×× 20××-××-××
32	检修场地清理	W15	W15	W15	合格张 ×× 20××-××-××	合格张 ×× 20××-××-××	合格张 ×× 20××-××-××
三级验收	一级：班组班长或技术员评价及签名/日期：×××　20××-×-×× 优良差			二级：安生部专业评价及签名/日期： ×××　20××-×-×× 优良差	三级：安生部负责人评价及签名/日期： ×××　20××-×-×× 优良差		
备注	（1）根据设备检修的重要件分级别进行验收，低级别验收进行验收，方可申请高一级别的验收。 （2）同时执行所在电厂要修规定，按照C级（班长）、B级（安生部专业专工）、A级（安生部负责人或电厂专业专工）的顺序组织质检点分级验收						

一、检修任务单

检修任务单见表 2。

表 2

检修任务单

项目工程名称	_____公司 ____分（子）公司____号湿式球磨煤机第__次__级检修						
检修设备名称	____湿式球磨煤机本体系统						
设备型号	____公司 MLT-260×550（参考）						
检修单位							
设备位置							
检修人员组成	高级		中级		初级		
授权工作负责人			授权变更工作负责人				
见证点（W）数	27		停工待检点（H）数			24	
工作票	名称				票号		
检修前交底（设备状况、以往工作教训、检修前主要缺陷、修前主要数据）	示例： 一、设备状况 二、以往工作教训 三、检修前主要缺陷 （1）1-1 号湿式球磨煤机运转时电流较上次检修完（填具体时间）降低 3A。 （2）磨煤机筒体有 1 条螺栓处发生漏浆。 （3）磨煤机进料溜管密封处漏浆。 四、修前主要数据 （1）磨煤机出力____，该出力下电流____。 （2）磨煤机减速机振动值：水平____；垂直____，运转温度____。 （3）小牙轮振动值：减速器侧水平振动值____，筒体侧水平振动值____						
设备检修计划工期	____年__月__日—____年__月__日						
设备检修实际工期	____年__月__日—____年__月__日						

二、检修危险源点分析和预防安全措施

检修危险源点分析和预防安全措施见表 3。

表 3   检修危险源点分析和预防安全措施

序号	检修危险源点分析	预防安全措施
1	触电	电气设备有无接地,遵守安全用电规定,临时照明由专人管理
2	碰伤	遵守劳动安全规定,正确佩戴安全防护用品。工作时避免交叉作业,先上后下,依次拆卸
3	跌伤	加固筒体螺栓作业时应搭建工作平台,增设围栏,系好安全带,梯子使用应符合要求
4	火灾	注意酒精、油类等易燃物的使用和保管,可燃气体与氧化物不能混合放置,发电机倒、投氢现场周围杜绝火源
5	吊装作业打击、坠落	加球或起吊物体时,电动葫芦或倒链专人操作,严格执行吊装作业"十不准"
6	受限空间作业"窒息"	打开磨门后设置轴流风机强制通风,热气没有排除后不准进入作业;一次进入球磨煤机筒体内的人员不能超出 5 人;每工作 1h 磨外休息 10min

三、现场准备与工具

1. 现场准备

(1)准备检修场地,建立工作区,检修场地铺设橡胶垫。

(2)备件、材料落实。

(3)了解检修设备工况,组织检修人员学习 A 修安全注意事项。

(4)送交工作票,开工做好安全措施。

(5)图纸和资料准备(MLT-260×550 型湿式球磨煤机说明书、H3SH22-71-C-080416D 型减速机说明书、cb-b100 齿轮润滑油泵说明书等)。

2. 主要备品和材料清单

主要备品和材料清单见表 4。

表 4   主要备品和材料清单

序号	名称	规格	单位	数量	备注
1	提升条	1450mm×150mm×140mm	根	52	
2	提升条	1270mm×150mm×140mm	根	2	
3	提升条	525mm×150mm×140mm	根	2	
4	提升条	990mm×150mm×140mm	根	16	
5	人孔门提升条	640mm×150mm×140mm	根	2	
6	人孔门衬板	640mm×540mm×60mm	根	4	

序号	名称	规格	单位	数量	备注
7	筒体衬板	1320mm × 300mm × 55mm	根	54	
8	筒体衬板	660mm × 300mm × 55mm	块	18	
9	筒体衬板	735mm × 300mm × 55mm	块	18	
10	筒体 T 形螺栓	M20 × 100mm	套	250	
11	筒体 T 形螺栓	M20 × 100mm	套	250	
12	端盖提升条	700mm × 150mm × 140mm	根	12	
13	端盖衬板	660mm × 200mm × 55mm	块	13	
14	端盖螺栓	M20 × 145mm	根	30	
15	小牙轮轴承	32224mm	盘	2	
16	减速器输入轴骨架油封	120-160-13	只	2	
17	一级输入轴轴承	32232mm	盘	2	
18	二级输入轴轴承	32244mm	盘	2	
19	润滑油	VG320	L	72	
20	润滑油	VG460	L	620	
21	切割片	$\phi 100$	片	5	
22	切割片	$\phi 150$	片	5	
23	磨片	$\phi 100$	片	5	
24	磨片	$\phi 150$	片	5	
25	砂纸	5 号	张	20	
26	生料带		卷	1	
27	磨机油站滤芯		个	2	
28	铜皮	0.1mm	m^2	0.5	
29	铜皮	0.2mm	m^2	0.5	
30	铜皮	0.5mm	m^2	0.5	
31	铅丝	mm^2	m	1	
32	铁丝	8 号	kg	5	
33	铁丝	10 号	kg	5	
34	毛刷	2"	把	5	
35	毛刷	4"	把	5	
36	全棉抹布		kg	5	
37	胶板	5mm	m^2	20	
38	青稞纸	0.1mm	m^2	1	
39	青稞纸	0.2mm	m^2	1	
40	青稞纸	0.3mm	m^2	1	
41	青稞纸	0.4mm	m^2	1	
42	尼龙柱销	$\phi 37.5 \times 100$mm	支	14	

序号	名称	规格	单位	数量	备注
43	记号笔	粗红色	支	1	
44	记号笔	粗黑色	支	1	
45	枕木	220mm×160mm×2500mm	块	6	
46	面粉		kg	10	

3. 工具

工具见表5。

表5　　　　　工具

序号	名称	规格	单位	数量	备注
1	顶丝	M36×200mm	根	2	
2	垫铁	20mm×120mm×80mm	块	4	
3	磨机滚筒托架底部垫板	20mm×400mm×400mm	块	4	
4	楔子	20mm×120mm×80mm	块	4	
5	磨机滚筒托架	专用	套	2	
6	磨机柱销拆卸器	专用	套	1	
7	接油盘	1000mm×600mm×200mm	个	1	
8	扭矩扳手	50～200N·m	把	1	
9	扭矩扳手	1000～2000N·m	套	4	
10	扭矩扳手	460～1500N·m	把	3	
11	百分表	0～10mm	套	4	
12	卷	5m	把	1	
13	直尺	1m	把	1	
14	塞尺	0.05～1mm	把	1	
15	多功能组合式数显楔形塞尺	0～10mm	把	1	
16	角尺	90mm×150mm	把	1	
17	深度尺	300mm×0.02mm	把	1	
18	游标卡尺	0～500mm	把	1	
19	内径千分尺	50～600m，0.01mm	把	1	
20	外径千分尺	400～500m，0.01mm	把	1	
21	外径千分尺	500～600m，0.01mm	把	1	
22	红外测温仪	−50～500℃	把	1	
23	吊装带	1t，2m	根	2	
24	吊装带	3t，2m	根	2	
25	吊装带	5t，8m	根	2	

续表

序号	名称	规格	单位	数量	备注
26	吊环	1t、4t、5t	支	各4	
27	液压千斤顶	16t	台	2	
28	液压拉马	30t	台	4	
29	手拉葫芦	1、2t（起重链长6m）	台	各1	
30	手拉葫芦	1、2、5t（起重链长3m）	台	各1	
31	角磨机	$\phi100$	台	1	
32	角磨机	$\phi150$	台	1	
33	内磨机	$\phi100$	台	1	
34	内磨机	$\phi150$	台	1	
35	移动电源盘	2.5m×3m×30m	个	2	
36	轴承加热器		台	1	
37	撬棍	800、1000、1200mm	根	各1	
38	行灯		套	2	
39	电动扳手	24、27、30、32、36、41、46、50、55mm	套	1	
40	排风扇	500mm	台	1	
41	三相交流变频电焊机		台	1	
42	敲击扳手	36、41、46、55mm	把	各2	
43	梅花扳手	14、17、19、24、27、30、36、41、46mm	把	各2	
44	套筒扳手	14、17、19、24、27、30、36、41mm	把	各1	
45	活扳手	8"、10"、12"、15"、24"	把	各2	
46	内六角扳手	10mm	把	2	
47	钢质扁铲	200mm	把	6	
48	钢质尖铲	200mm	把	6	
49	细齿半圆锉刀	360mm	把	1	
50	细齿油光锉	200mm	把	1	
51	细齿平锉	310mm	把	1	
52	敲击螺钉旋具	平头、十字（250mm）	把	各2	
53	管钳	150mm、300mm、500mm	把	各1	
54	平嘴手钳	200mm	把	1	
55	桑刀	2号	把	2	

序号	名称	规格	单位	数量	备注
56	手动油桶泵		台	1	
57	双轮带斗实心轮胎小推车		台	2	
58	平刮刀	20mm×5mm×210mm	把	2	
59	三棱刮刀	300mm	把	1	
60	航空直头剪刀	10"	把	1	
61	铜棒	40mm×400mm	根	1	
62	八角锤	10P、12P	把	各1	
63	手锤	2P、4P	把	各1	
64	内卡簧钳	7"直、弯	把	各1	
65	外卡簧钳	7"	把	各1	

四、检修工序、工艺

1. 拆筒体人孔

（1）用 1t 吊环将 1m 长吊装带，固定在人口门的门把上并用行车固定。

（2）用螺栓松动剂提前喷涂，用 41mm 敲击扳手、41mm 梅花扳手、10P（磅）大锤、2P（磅）小锤、1000mm 撬棍、200mm 钢制扁铲拆除球磨机筒体人孔门，用行车将人孔门放置待检区；拆除车衣内结合部位各连接螺栓。

（3）启动慢传将筒体内钢球甩出分类筛选用平头铁锹归集在待检区内。

（4）慢传装置断电。

（5）在筒体入料三通下方铺设淋湿的防火石棉布。

（6）用 1t 手拉葫芦和吊装带定位后，使用 2 号割把割开筒体入料三通下方支撑焊接。

（7）用螺栓松动剂提前喷涂，使用 30mm 梅花扳手、30mm 开口扳手、1m 撬棍拆除筒体入料三通并归置检修区。

（8）在筒体入料处安装 500mm 直径排风扇通风；在磨煤机筒体内设置 12V 行灯。

2. 筒体检查

（1）使用 140mm×100mm 加厚槽钢支撑在筒体前端盖处，防止筒体惯性转动（在下次转动前取出，转动完成后必须设置）；工时在周围做好防护措施，防止污染周围设备及生产设施。

（2）检查衬板破损、磨损等情况（衬板剩余厚度小于 15mm 应更换）。

（3）检查提升条螺栓是否有裂纹或脱落现象。

（4）检查钢球破裂情况，筒体中直径 15～20mm 的钢球不超过 3t，直径 15mm 以下需去除。

126

见证点　W1

3. 拆主轴承连接油管

（1）用 150、300mm 管钳将主轴承润滑油管拆除，用 200mm 平嘴手钳将全棉抹布和 10 号铁丝固定封口。

（2）用 17mm 梅花扳手；17mm 开口扳手；17mm 套筒；8" 活动扳手拆除轴瓦密封圈、压盘，放置在零部件放置区并用塑料布遮盖。

见证点　W2

4. 拆主轴承瓦上盖

（1）用螺栓松动剂提前喷涂，用 24mm 梅花扳手；24mm 开口扳手；24mm 套筒扳手；8" 活扳手；10" 活扳手；800mm 撬棍；40mm×400mm 铜棒拆下两端主轴承上盖，用 1t 吊环、1t 吊装带、行车将两端主轴承上盖吊运至零部件放置区并用枕木垫好，用 20mm×5mm×210mm 平刮刀清理残留密封胶，清洗剂、毛刷清洗油渍、污渍，全面抹布擦拭，面团粘净油渍，用塑料布严密封盖两端主轴承裸露部分及拆下的两端主轴承上盖，并用 200mm 平嘴手钳将 10 号铁丝绑扎。

（2）用螺栓松动剂提前喷涂主轴承连接螺栓部位，用 3t 吊装带、4t 吊环、5t 手拉葫芦固定连接短轴做好标用记号标记，用 41mm 敲击扳手、41mm 梅花扳手、41mm 套筒扳手、15" 活扳手、10P（磅）八角锤、250mm 平头敲击螺钉旋具、1000mm 撬棍拆下连接短轴，吊运至零部件放置区并垫好枕木。

停工待检点　H1

5. 顶升筒体专用工具安放

（1）用 2 台 2t 起重链长 6m 手拉葫芦将筒体托架分别移至筒体两端下方平台。

（2）将四个 30t 千斤顶安置在 400mm×400mm×20mm 钢板上部，并在千斤上部垫 120mm×80mm×20mm 垫铁和枕木，水平安放。

6. 筒体顶升

（1）由专人指挥，四台千斤顶同时顶升，每 3mm 使用 90mm×150mm 直角尺测量，保证四台千斤顶水平同步顶升，最终顶升距离为 100mm。

（2）垫好枕木，打好楔子，轻轻落下千斤顶，使枕木承力稳固。

（3）用记号笔给轴瓦做好标记，将轴瓦用 2 个 2t 吊环固定，用手拉葫芦沿主轴承轴颈将轴瓦翻转，将轴瓦移至零部件放置区垫好枕木，用干净塑料布包裹。

停工待检点　H2

7. 清洗轴瓦、轴颈

（1）用清洗剂、全棉抹布、毛刷、面团清洗干净轴瓦，检查瓦面有无裂纹、起皮、划痕、过热现象，用塑料布严密包裹。

（2）用清洗剂、全棉抹布、毛刷、面团清洗干净主轴承轴颈，检查轴颈有无裂纹、起皮、划痕、过热现象，如有划痕用 1200 号油石、5 号砂纸打磨，用塑料布严密包裹。

見证点　W3

8. 轴颈晃动度检查、修理

轴颈晃动度测量数据见表 6。

表 6　　　　　　　　　　　　　　　轴颈晃动度测量数据　　　　　　　　　　　　　（mm）

项目	设计值	修前	修后
进料端轴颈晃动度			
出料端轴颈晃动度			

修前：测量人＿＿＿，日期＿＿＿＿＿＿＿＿；记录人＿＿＿，日期＿＿＿＿＿＿＿＿。

修后：测量人＿＿＿，日期＿＿＿＿＿＿＿＿；记录人＿＿＿，日期＿＿＿＿＿＿＿＿。

停工待检点　H3

9. 轴瓦接触点检查

（1）检查轴瓦接触点，记录每 25mm×25mm 内的接触点位置（每 25mm×25mm 内应有不少于 4 个接触点）。

（2）用记号笔沿瓦面中心线两侧等分的画出接触角度的位置线。

（3）用清洗剂、全棉抹布、毛刷、面团清洗擦净主轴承轴颈和瓦面，在轴颈上涂上一层薄薄的红丹粉。

（4）将大瓦平稳吊起扣在主轴承轴颈上，相互研磨，然后将大瓦吊起，在接触角度区域内检查其接触印痕是否符合每 25mm×25mm 内应有不少于四个接触点质量要求。

（5）大瓦中间顶轴油槽面积不允许刮削。

（6）根据研磨情况用 300mm 三棱刮刀、360mm 细齿半圆锉、200mm 油光锉、310mm 平锉刮削轴瓦（刮削是针对瓦面上的亮点、黑点及红点），无显示剂处无须刮研，对亮点下刀要重而不僵，刮下的乌金厚且呈片状，对黑点下刀要轻，刮下的乌金片薄且细长，对红点则轻轻刮挑，挑下的乌金薄且小，刮刀的刀痕下一遍要与上一遍呈交叉状态，形成网状，使轴瓦运行时润滑油流动不倾向一方，这就完成了轴瓦的一次刮削，这样重复刮研数次直至符合标准为止。

（7）瓦口侧面间隙的刮研：沿接触角度区域的边缘开始向瓦口刮削，并使与主轴承轴颈的间隙逐渐均匀扩大。刮削两边瓦口要形成楔形间隙，注意其间隙用塞尺测量标准。

测量标准见表 7，轴瓦接触点测量数据见表 8。

表 7 测 量 标 准

塞尺厚度	塞入深度
0.15mm	350mm
0.50mm	250mm
0.75mm	180mm
1.00mm	120mm
1.50mm	80mm

表 8 轴瓦接触点测量数据 （个）

项目	25mm×25mm 之内	修前	修后
进料端轴瓦接触点	≤4		
出料端轴瓦接触点	≤4		

修前：测量人____，日期_____；记录人____，日期_____。

修后：测量人____，日期_____；记录人____，日期_____。

停工待检点　H4

10. 轴瓦下壳体检查

壳体无泄漏、无腐蚀现象。

见证点　W4

11. 油管路检查、清理

用压缩空气吹扫油管路、喷嘴，保证油道、喷嘴畅通。

见证点　W5

12. 轴瓦回装

（1）将大瓦、主轴承等清理干净，在主轴承上涂润滑油，用 1t 手拉葫芦吊住轴瓦，将轴瓦沿主轴承轴颈缓慢翻下，按原标记位置固定回装；

（2）由专人指挥，四台千斤顶同时顶升，保证四台千斤顶水平同步顶升，分别取出楔子、枕木，同步降落千斤顶将主轴承落缓慢防止在轴瓦上。

见证点　W6

13. 轴瓦调整

（1）用塞尺测量调整轴瓦瓦口间隙在 0.45mm 内。

（2）用塞尺测量调整轴瓦轴向间隙应符合：

推力端：轴瓦两侧各为 0.5mm，两边之差不超过 0.05mm。

自由端：自由侧不小于 25mm，两边之差不超过 0.05mm。

（3）轴瓦与支座自调心结构活动灵活无卡涩。

（4）用 17mm 梅花、17mm 套筒、8″活扳手、250mm 十字敲击螺钉旋具安装限位压板（要求一侧压板无间隙，另一侧压板与轴瓦应有 2～8mm 间隙）。

轴瓦回装数据见表 9。

表9	轴瓦回装数据		（mm）
项目	设计值	修前	修后
进料端瓦口间隙	≤0.45		
出料端瓦口间隙	≤0.45		
推力端轴瓦轴向间隙（左）	≤0.5		
推力端轴瓦轴向间隙（右）	≤0.5		
自由端轴瓦轴向间隙（左）	≤0.5		
自由端轴瓦轴向间隙（右）	≤0.5		
自由端限位压板与轴瓦间隙	2～8		

修前：测量人____，日期_____；记录人____，日期_____。

修后：测量人____，日期_____；记录人____，日期_____。

停工待检点　H5

14. 回装主轴承上盖

（1）用 200mm 平嘴手钳将 10 号绑扎铁丝拆除，将两端主轴承覆盖塑料布收起，用 1t 吊环、1t 吊装带、行车将两端主轴承上盖吊运回装。

（2）用 24mm 梅花扳手、24mm 开口扳手、24mm 套筒扳手、8″活扳手、10″活扳手、800mm 撬棍、40mm×400mm 铜棒、250mm 十字敲击螺钉旋具相互配合紧固两端主轴承上盖接合面螺栓。

15. 轴瓦加注润滑油

用 150、300mm 管钳连接润滑油管，油管丝扣缠绕生料带，用手动油桶泵、18L 加油桶向两端轴瓦各加注 VG320 润滑油 36L。

见证点　W7

16. 顶罐调试

（1）在两端主轴承轴颈正下方垂直固定 0～10mm 百分表各 1 套，将 0～10mm 百分表调整归零，做好记录，启动润滑油泵，检查润滑油系统无泄漏，读取百分表读数并记录。

（2）拆除在两端主轴承轴颈正下方垂直固定 0～10mm 百分表。

顶罐调试数据见表 10。

表 10	顶罐调试数据		（mm）
项目	设计值	修前	修后
进料端顶罐记录	≥0.2		
出料端顶罐记录	≥0.2		

修前：测量人＿＿＿，日期＿＿＿＿＿＿＿；记录人＿＿＿，日期＿＿＿＿＿＿＿。

修后：测量人＿＿＿，日期＿＿＿＿＿＿＿；记录人＿＿＿，日期＿＿＿＿＿＿＿。

> 停工待检点　H6

17. 回装轴瓦密封圈

（1）用 17mm 梅花扳手、17mm 开口扳手、17mm 套筒、8" 活动扳手回装轴瓦双 V 形密封圈、压盘。

（2）两端轴瓦挡圈储脂罐分别加入 9L 3 号锂基脂。

> 见证点　W8

18. 回装连接短轴

（1）从零部件放置区用行车将连接短轴吊装至主轴承轴连接处，用 3t 吊装带、4t 吊环、5t 手拉葫芦固定连接短轴至原标记处。

（2）用 41mm 敲击扳手、41mm 梅花扳手、41mm 套筒扳手、15" 活扳手、10P（磅）八角锤、250mm 平头敲击螺钉旋具、1000mm 撬棍安装连接短轴。

> 见证点　W9

19. 启动慢传试运

（1）启动慢传电动机 30min，无异常噪声、无卡涩、无温升，记录数据。

（2）停运慢传装置，电动机断电；停运轴瓦润滑油泵，电动机断电。

慢传试运数据见表 11。

表 11	慢传试运数据	
项目	修前	修后
进料端轴瓦温度		
出料端轴瓦温度		
进料端轴瓦振动		
出料端轴瓦振动		

修前：测量人＿＿＿，日期＿＿＿＿＿＿＿；记录人＿＿＿，日期＿＿＿＿＿＿＿。

修后：测量人＿＿＿，日期＿＿＿＿＿＿＿；记录人＿＿＿，日期＿＿＿＿＿＿＿。

> 停工待检点　H7

20. 提升条、衬板分组及加工

（1）用 5m 卷尺确定提升条及衬板的尺寸进行分组；尺寸如下：

磨煤机筒体体提升条安装尺寸：1450mm×3+990mm=5340mm（16 组）。

2 个人孔门附近的提升条：1450mm×2+1270mm+640mm+525mm=5335mm（2 组）。

磨煤机筒体衬板安装尺寸：1320mm×3+660mm+735mm=5355mm（14 组）。

2 个人孔门附近的衬板：1320mm×3+640mm+735mm=5335mm（4 组）。

（2）用 2 号桑刀、1m 直尺切削尺寸不合适的提升条和衬板。

停工待检点 H8

21. 衬板、提升条回装

用 10P（磅）、12P（磅）八角锤，2P（磅）、4P（磅）手锤，800、1000、1200mm 撬棍，10″、12″活动扳手，30mm 梅花扳手，30mm 开口扳手，30mm 电动扳手，50～200N·m 扭矩扳手按照提升条和衬板的组合顺序进行安装，并依次安装橡胶密封垫、密封碗、平垫、弹垫（螺栓扭力 140N·m），提升条和衬板安装顺序如下：

1450×3+990=5340（16 组）。

2 个人孔门附近的提升条：1450mm×2+1270mm+640mm+525mm=5335mm（2 组）。

磨煤机筒体衬板安装尺寸：1320mm×3+660mm+735mm=5355mm（14 组）。

2 个人孔门附近的衬板：1320mm×3+640mm+735mm=5335mm（4 组）。

停工待检点 H9

22. 钢球回装

（1）启动慢传装置，将筒体人孔门转动至顶部与行车垂直位置。

（2）人工挑拣 60mm8.5t、50mm9.1t、40mm6.7t、30mm1.5t、35mm2.7t、26mm2t 总计 30t 装袋依次用行车吊卸至筒体内部。

（3）停运慢传装置，电动机断电；停运轴瓦润滑油泵，电动机断电。

停工待检点 H10

23. 安装筒体人孔

（1）用 1t 吊环将 1m 长吊装带，固定在人口门的门把上并用行车固定。

（2）用 41mm 敲击扳手、41mm 梅花扳手、10P（磅）大锤、2P（磅）小锤、1000mm 撬棍安装筒体人孔。

24. 安装进料三通管

（1）用行车、1t 吊装带、1t 吊环从检修区将筒体入料三通吊装至筒体入料端固定。

（2）用 30mm 梅花扳手、30mm 开口扳手、1m 撬棍、50～200N·m 扭矩扳手安装固定筒体入料三通在相应的法兰上。

（3）用三相交流变频电焊机、E4303 焊条焊接筒体入料三通下方支撑焊接点。

25. 拆卸减速机附件

（1）用 14、17mm 开口扳手，14、17mm 梅花扳手及 8" 活扳手拆卸对轮防护罩至零部件放置区。

（2）用记号笔在两侧对轮上做标记。

（3）用柱销拆卸器拆除对轮连接柱销，放置于零部件放置区。

（4）用接油盘、油桶排净减速机润滑油，倒置废油储存桶内，放置在废旧物资放置区。

26. 拆卸慢传装置

（1）用 1t 吊环、1t 吊装带、1t 手拉葫芦、行车将慢传电动机、减速机固定，用 10mm 内六方扳手拆除连接慢传装置与减速机壳体连接螺栓。

（2）用行车将慢传装置从减速机水平抽出（在抽出 100mm 位置用透明胶带将单向锁齿向内扳平缠绕固定）放置在零部件放置区垫好枕木。

停工待检点　H11

27. 拆卸连接短轴

（1）用 3t 吊装带、4t 吊环、5t 手拉葫芦固定连接短轴做好标用记号标记。

（2）用 41mm 敲击扳手、41mm 梅花扳手、41mm 套筒扳手、15" 活扳手、10P（磅）八角锤、250mm 平头敲击螺钉旋具、1000mm 撬棍拆下连接短轴。

（3）吊运至零部件放置区并垫好枕木。

停工待检点　H12

28. 减速机拆解

（1）用 5t 手拉葫芦、4 个 5t 吊环、2 根 5t 吊装带将减速机上盖固定。

（2）用 30、36、41mm 开口扳手，30、36、41mm 梅花扳手，30、36、41mm 套筒扳手及 24" 活扳手拆除减速机轴头轴承压盖螺栓；用 30、36、41、46、55mm 开口扳手，30、36、41、46、55mm 梅花扳手，30、36、41、46、55mm 套筒扳手及 24" 活扳手拆除减速机上壳体与下壳体连接螺栓，将拆下的螺栓用清洗剂清洗后涂抹 3 号锂基脂放置在零部件放置区并用塑料布包裹。

（3）用 1t 吊装带、1t 手拉葫芦、行车依次将减速机 4 级传动轴吊至检修区垫好枕木。

（4）用 32t 液压拉马安装在高速轴对轮上，用 2 号氧气乙炔烤把，安装好氧气乙炔（氧气乙炔表完好，回火器功能正常）均匀加热，拔下对轮。

（5）用 32t 液压拉马安装在高速轴对轮上，用 2 号氧气乙炔烤把，安装好氧气乙炔（氧气乙炔表完好，回火器功能正常）均匀加热，拔下对轮，将拔下的对轮放置零部件放置区。

（6）用 32t 液压拉马安装在低速轴对轮上，用 2 号氧气乙炔烤把，安装好氧气乙炔（氧气乙炔表完好，回火器功能正常）均匀加热，拔下对轮，将拔下的对轮放置零部件放置区。

（7）用 200mm 平头敲击螺钉旋具、800mm 撬棍、2P（磅）手锤、200mm 钢质尖铲拆下高速轴、低速轴轴承压盖内骨架油封（高速轴骨架油封型号：120-160-13），将拆下的骨架油封放置废旧物资放置区。

停工待检点　H13

29. 减速机输入（出）轴与对轮配合测量

（1）用 400～500、0.01mm，500～600、0.01mm 外径千分尺测量轴对轮处直径及对轮外径。

（2）用 50～600、0.01mm 内径千分尺测量对轮内径，做好记录（轴与对轮过盈配合要求 0.02～0.04mm）。

推力间隙及各浮动油挡间隙见表 12。

表 12　　　　　　　　　　　　推力间隙及各浮动油挡间隙　　　　　　　　　　（mm）

项目	设计值	实测值
输入轴直径		
输入轴对轮直径		
输出轴直径		
输出轴对轮直径		

修前：测量人＿＿＿，日期＿＿＿＿＿＿＿＿＿；记录人＿＿＿，日期＿＿＿＿＿＿＿＿。

修后：测量人＿＿＿，日期＿＿＿＿＿＿＿＿＿；记录人＿＿＿，日期＿＿＿＿＿＿＿＿。

停工待检点　H14

30. 减速机零件检查清洗

（1）用平头刮刀清理减速机接合面。

（2）用接油盘、清洗剂、毛刷、全面抹布、面团清理传动轴、齿轮、轴承、箱体、端盖进行清理，压缩空吹扫油道。

（3）检查齿轮、传动轴、无油蚀、无裂纹、无砂眼、无毛刺。

见证点　W10

31. 减速机回装

（1）用 200mm 平头敲击螺钉旋具、800mm 撬棍、2P（磅）手锤、200mm 钢质尖铲依次安装高速轴、低速轴轴承压盖内骨架油封（高速轴骨架油封型号：120-160-13）。

（2）用 2 号氧气乙炔烤把，安装好氧气乙炔（氧气乙炔表完好，回火器功能正常）均匀加热对轮，用行车、1t 手拉葫芦、1t 吊环、1t 吊装带、铜棒、4P（磅）手锤分别安装高速轴、低速轴对轮。

（3）用 1t 吊装带、1t 手拉葫芦、行车依次将减速机 4 级传动轴运回装。

见证点　W11

32. 齿轮啮合间隙检查

用压铅丝法测量各齿轮的啮合间隙。

齿轮啮合间隙数据见表 13。

表 13　　　　　　　　　　　　齿轮啮合间隙数据　　　　　　　　　（mm）

项目	设计值	修前	修后
一级齿轮啮合顶隙			
一级齿轮啮合侧隙			
二级齿轮啮合顶隙			
二级齿轮啮合侧隙			
三级齿轮啮合顶隙			
三级齿轮啮合侧隙			

修前：测量人＿＿＿，日期＿＿＿＿＿＿；记录人＿＿＿，日期＿＿＿＿＿＿。

修后：测量人＿＿＿，日期＿＿＿＿＿＿；记录人＿＿＿，日期＿＿＿＿＿＿。

停工待检点　H15

33. 减速机轴系回装

（1）在轴承压盖或箱体轴承压盖位置均匀涂抹耐油密封胶。

（2）用 30、36、41mm 开口扳手，30、36、41mm 梅花扳手，30、36、41mm 套筒扳手，24" 活扳手及 50～200N·m 扭矩扳手将放置在零部件放置区的轴承压盖和螺栓安装紧固。

34. 减速机轴承轴向间隙调整

（1）用塞尺或压铅丝法测量滚动轴承的轴向间隙。

（2）用压铅丝法测量各轴承的自由膨胀间隙。

（3）通过加垫或车削轴承压盖子扣厚度调整间隙至规定值。

减速机轴承轴向间隙数据见表 14。

表 14　　　　　　　　　　　　减速机轴承轴向间隙数据　　　　　　　　（mm）

项目	设计值	修前	修后
一级轴推力间隙			
一级自由间隙			
二级轴推力间隙			
二级轴推力间隙			
三级轴推力间隙			
三级轴推力间隙			
四级轴推力间隙			
四级轴推力间隙			

修前：测量人＿＿＿，日期＿＿＿＿＿＿；记录人＿＿＿，日期＿＿＿＿＿＿。

修后：测量人＿＿＿，日期＿＿＿＿＿＿；记录人＿＿＿，日期＿＿＿＿＿＿。

停工待检点　H16

35. 减速器壳体回装

（1）用 5t 手拉葫芦、4 个 5t 吊环、2 根 5t 吊装带将减速机上盖固定从零部件存放区吊运回装。

（2）用铜棒、4P（磅）手锤装定位销，校正上盖位置。

（3）上盖结合面均匀涂抹耐油密封胶，用 50～200、460～1500N·m 扭矩扳手对称将减速机上壳体与下壳体连接螺栓分别紧固至 150、1200N·m。

见证点　W12

36. 减速机加油

用手动油桶泵、加油桶加注为减速机 VG460 润滑油 620L。

见证点　W13

37. 找中心

（1）用纯棉抹布、平头刮刀、清洗剂、毛刷清理对轮表面；用塞尺检查减速机及电动机地脚是否平整，有无虚脚，如果有，用塞尺测出数值并记录，用相应铜皮垫实。

（2）用 0～10mm 多功能组合式数显楔形塞尺测量减速机与电动机对轮间隙（要求不小于 8mm）并记录，用 300mm×0.02mm 深度尺测量尼龙柱销孔深度，用 50～600mm、0.01 级内径千分尺测量对轮尼龙柱销孔径（对轮尼龙柱销孔径与尼龙柱销配合间隙为 0～0.03mm），用 0～500mm 游标卡尺测量尼龙柱销直径及长度。

（3）用直角尺平面初步找正。

（4）用百分表进行最终找正。

（5）按照对轮标记位置用铜棒 2P 磅手锤按标记顺序安装尼龙柱销。

注意事项：①盘动转子专人指挥；②测量数据准确、完整；③中心调整符合要求 。

对轮测量数据见表 15。

表 15　　　　　　　　　　　　对轮测量数据　　　　　　　　　　（mm）

项目	设计值	修前	修后
电动机 – 减速机对轮水平位置张口方向	左（右）张口		
电动机 – 减速机对轮水平位置张口数值	×××		
电动机 – 减速机对轮垂直位置张口方向	上（下）张口		
电动机 – 减速机对轮垂直位置张口数值	×××		
减速机 – 磨煤机对轮水平位置张口方向	左（右）张口		
减速机 – 磨煤机对轮水平位置张口数值	×××		

续表

项目	设计值	修前	修后
减速机－磨煤机对轮垂直位置张口方向	上（下）张口		
减速机－磨煤机对轮垂直位置张口数值	×××		
电动机－减速机对轮水平位置圆周方向	×××		
电动机－减速机对轮水平位置圆周数值			
电动机－减速机对轮垂直位置圆周方向	电动机转子较减速机转子低（主）×××		
电动机－减速机对轮垂直位置圆周数值			
减速机－磨煤机对轮水平位置圆周方向	×××		
减速机－磨煤机对轮水平位置圆周数值			
减速机－磨煤机对轮垂直位置圆周方向	减速机转子较磨机转子低（高）×××		
减速机－磨煤机对轮垂直位置圆周数值			

修前：测量人＿＿＿＿，日期＿＿＿＿＿＿＿＿＿＿＿；记录人＿＿＿＿，日期＿＿＿＿＿＿＿＿＿＿＿。

修后：测量人＿＿＿＿，日期＿＿＿＿＿＿＿＿＿＿＿；记录人＿＿＿＿，日期＿＿＿＿＿＿＿＿＿＿＿。

停工待检点　H17

38. 连接对轮

（1）按照对轮标记位置用铜棒 2P 磅手锤按标记顺序安装尼龙柱销。

（2）从零部件放置区取回对轮防护罩，用 14、17mm 开口扳手，14、17mm 梅花扳手和 8" 活扳手按标记安装对轮防护罩。

见证点　W14

39. 检修场地清理

（1）用清洗剂清理设备表面，设备表面无积灰、无锈蚀、无油垢，物见本色，如有掉漆部位，用 5 号砂纸、角磨机将设备打磨后用毛刷补刷相应颜色的油漆。

（2）清理废旧物资区废旧物资至指定地点。

（3）检修现场清理检修前铺设的防护胶板、木板、塑料布等安全文明生产用具。

见证点　W15

40. 备品备件更换记录表见表 16。

表 16　　　　　　　　　　备品备件更换记录表

序号	名称	规格与图号	单位	数量	备注
1					
2					
3					
4					

序号	名称	规格与图号	单位	数量	备注
5					
6					
7					
8					
9					
10					
11					
12					
13					
14					
15					
16					
17					
18					
19					
20					

五、设备质量缺陷报告

设备质量缺陷报告见表 17。

表 17   设备质量缺陷报告

____机组　第____次 A 级检修   编号：脱硫 –____

设备名称	____号湿式球磨煤机	设备编号	
发现人		发现时间	

设备异常描述及处理措施：

报告人：　　　　　日期：

138

批准：（项目公司负责人）	审核意见：（专业专工）	
	签字：　　　日期：	
	审定意见：（安全生产部负责人）	
签字：　　　日期：	签字：　　　日期：	
工作人员执行情况： 班长	姓名	日期
验收人员执行结果验证： 专业专工	姓名	日期
专业主管关闭： 安全生产部负责人	姓名	日期

六、不符合项报告单

不符合项报告单见表 18。

表 18　　　　　　　　　　不符合项报告单

设备名称	＿号湿式球磨煤机	编号	
不符合项名称		责任单位	

不符合项描述：

检修专业专工 / 班长：　　　日期：

评审结论	□ 轻微　□ 一般　□ 严重		评审人：　　　日期
不符合项处理意见	返工 / 返修措施：		
	处置意见人	日期	审批人

处置意见实施后验证意见：

验证人：　　　　　日期：

备注：

（1）不符合项报告主要填写检修过程中发现的不符合质量标准的异常和质检过程中发现的检修不合格。

（2）评审人为安全生产部专业专工，处置意见人为安全生产部负责人，审批人为项目公司负责人，验证人为安全生产部负责人

七、检修报告单

检修报告单见表 19。

表 19　　　　　　　　　　　　检修报告单

检修报告			
项目名称	＿号湿式球磨煤机	检修性质	＿级检修
检修单位		工作负责人	

一、计划检修时间＿＿＿＿＿年＿＿月＿＿日＿＿时　至＿＿＿＿＿年＿＿月＿＿日＿＿时

　　实际检修时间＿＿＿＿＿年＿＿月＿＿日＿＿时　至＿＿＿＿＿年＿＿月＿＿日＿＿时

二、检修中进行的主要工作

　　磨煤机各轴瓦清理修研，衬板更换，钢球筛选；减速机解体大修，轴系调整（示例）

三、检修中发现并消除的主要缺陷

四、实际所需工作人员及工时

人员技术等级	需用人数	需用工时	统计工时
高级工			
中级工			
初级工			
合计			

五、实际消耗备品配件及材料

编号	名称	单位	数量	单价	总价
1					
2					
3					
4					
5					

六、设备异动和改进情况

续表

七、尚未消除的缺陷及未消除的原因

八、修后质量评价分析

九、检修遗留问题及采取的对策

专业专工		日期	安全生产部负责人		日期	

八、文件包修改记录

文件包修改记录见表 20。

表 20　　　　　　　　　　　　文件包修改记录

文件包修改记录

- ⊙ 本文件包修前准备修改
- ⊙ 本文件包中检修工序卡修改
- ⊙ 本文件包中检修技术记录卡修改
- ⊙ 本文件包检修工序中质检点修改
- ⊙ 本文件包其他页面格式修改

原内容	修改后内容	修改理由

审批程序	提出	审核	批准	日期
	专业专工：	安生部负责人：	项目公司负责人：	

附录 N 特殊项目"三措两案"

特殊项目"三措两案"

批准：_____

审核：_____

编写：_____

_____年_____月_____日

_____特殊项目安全措施

___年___月___日

编号：_____

项目名称		
工作内容		
工作地点		
序号	危险点分析	预防措施
1		
2		
3		
4		
5		
⋮		

其他：

以上措施已学习，全体工作人员签名：

注　本措施保证人员安全作业，设备系统安全。一式两份，安全生产部、检修班组存档，至少留存一年。

_____特殊项目技术措施

___年___月___日

编号：_____

序号	项目名称	
1	工程概况	项目背景 项目地点 作业范围等
2	施工方案简述	项目的内容 设计要求 作业段的划分 作业流程 主要作业方法 文明作业等
3	质量控制与工序要求	（1）质量控制措施参照附录 M 中"设备检修质量计划"，编制作业内容、质量控制点选取、实施人员和见证人员评价及签名／日期（另附页）。 （2）工艺要求参照附录 M 中"检修工序、工艺"，编制工序流程和作业标准，设置 W、H 质检点（另附页）。 （3）编制质量保证措施
4	节能评估	（节能技改项目在技术措施中要说明实施后期望达到的节能效果或指标，其他不以节能为主要目的的项目，但实施后产生节能降耗效果，也要说明可能的节能效果）
5	注意事项	需特别强调和说明事项
6	技术交底	技术交底人签字	
		工作人员签字	

注 本措施是指导作业人员正确作业，保证质量的重要文件，一式两份，部门、检修班组存档，至少留存一年。

_____特殊项目组织措施

必须包括下列内容：

一、成立相关组织机构（明确领导小组、工作小组人员名单）。

二、职责分工（明确每个人员工作分工和职责）。

三、到岗要求（会议组织、进度协调工作、现场监督检查、工作时间要求）。

备注：

安全、技术、组织措施编号要一致，按岗位责任制进行编制、审批。外委工程由外委承包单位进行编写，项目公司进行审核、审批。

_____特殊项目施工方案

一、项目概况

1. 项目概况

2. 主要工作内容

3. 施工项目特点

4. 遵循的标准或规范

二、施工组织管理

1. 施工总体目标（安全、质量、工期、文明现场）

2. 组织管理机构（组织机构设置及各级职责）

3. 劳动力组织及计划

三、施工方案、施工方法及主要施工工艺

四、施工进度计划

_____特殊项目应急预案

一、危险源与危险分析

二、组织体系（组织机构及各级人员职责）

三、应急准备

四、应急处置

五、信息收集与报告

附录 O　脱硫系统检修标准化管理评价标准

（示例，参考使用）

检查内容及要求	分值	评分方法	评分标准	得分	扣分	扣分原因	备注
检修管理	150						
一、检修准备阶段	22						
检修管理文件或手册完整	5	查阅资料	组织机构是不齐全，扣0.5分。安全目标、质量目标、工期目标不明确，每项扣0.1分。文件发放未签字，扣0.5分				
修前诊断会议程序完整	1	查阅资料，对照缺陷台账	未开展修前诊断会议，扣0.5分。会议资料不完整，未对修前状况进行详细分析，扣0.2分				
检修计划编制要求齐全。重大项目及特殊项目可行性研究报告、项目建议书齐全，审批手续完整，无漏项，并有工艺要求。检修计划中H、W点设置合理，并有工艺要求和质量标准，有审批手续	2	查阅资料	检修计划（包括最近一次检修中发现的问题、现存在的问题，技改项目、技术监督项目，经研究决定采纳的合理化建议和科技推广项目等）漏项，不合理，扣0.5分/项；H、W点设置不合理等其他问题，扣0.1分/项				
检修项目作业文件包（包括作业指导书、检修操作卡等）检修文件包编制必须规范、详细、适用，工艺要求合理，工艺要求明确，质量标准量化。要求技改、非标项目的技术方案及施工方案内容全面、格式规范、工序合理、指导性强，审批手续齐全	2	查阅资料	与特评运维事业部发布的版本对比，根据模块，引用文件正确性、质量标准合理性、作业完整性等，不符合的，扣0.2分/处				

续表

检查内容及要求	分值	评分方法	评分标准	得分	扣分	扣分原因	备注
编制原则：一个设备一个作业文件包，与主设备相连的附属小设备可与主设备合用一个文件包。热工、电气控制部分可根据系统和设备类别进行归类为一个设备，但不宜包含过多设备，要使每台设备信息（如设备故障信息、消耗材料的统计分析等），便于资源共享（如文件包"检修报告"可整体转为检修台账等）	2	查阅资料	没有编制文件包清单，扣0.5分；文件包与实际检修设备或检修项目数量不符，扣0.3分/个				
检修文件包必须履行完整的编、审、批流程，并于检修工作开始前15~20天内盖"启用"章，交给检修工作负责人，并组织交底、学习	2	查阅资料	文件包编、审、批流程不完整，扣0.2分/个。未及时发布，扣0.2分/个；未组织交底、培训，扣0.5分/个				
检修物资计划（材料、备品配件计划）编制齐全，有详细的名称、规格、型号、数量及技术参数等，必要时，编制备品配件技术规范书	1	查阅资料	计划编制不详细，审批手续不齐全，扣0.3分/项				
检修文件准备。至少应有以下内容：检修三措（组织措施、安全措施、技术措施）；检修安全、质量、工期目标及管理控制办法，技术监督项目清单，文明生产保证措施及考核办法，检修运行保障措施，检修作业指导书，检修项目计划任务书，"两措"实施项目清单，检修计划进度网络图等	2	查阅资料	缺少相关内容，扣0.5分/项				
检修外包合同检查（外包单位资质符合要求、外包检修项目无漏项、外包检修技术协议及合同已签订、外包安全协议已签订）	1	查阅资料	按照集团公司相关制度对外包单位规范化管理。外包管理文件不全或不规范，扣0.5分/项				
检修前应对安全工器具、检修专用工具、量具、电源、起重设备、电梯、电动工具等进行检查或试验，保证工器具完好、可用，须取得合格证的工器具在有检验效期内	1	查阅资料、现场检查	未进行检查或试验，扣1分/项。试验、验收人员签字不全，扣0.1分/项；不合格的未作处理，扣0.2分/项				

续表

检查内容及要求	分值	评分方法	评分标准	得分	扣分	扣分原因	备注
所有参修人员经过培训、考试，组织技术交底，使参加检修的人员充分了解、掌握检修项目、任务、工艺要求、质量标准、主要的安全注意事项、工期要求及检修管理办法	2	查阅资料、约谈员工、现场考问	未组织培训和考试，扣1分；参加培训人员不齐，每缺少1人扣0.1分；现场考问，对所负责的检修项目不熟悉，检修工艺和安全质量工期目标不了解，扣0.5分/（人·次）				
在检修开工前7天内向特运维事业部上报开工报告，修前评估上报告及检测通知函	1	查阅资料	上报资料不齐或未按时上报，扣0.2分				
二、检修过程阶段	77						
检修现场规划与布置应达到通道布置合理、定置规整、通道划分顺畅、各作业区域无干扰、与运行机组隔离措施完备，运行巡检通道畅通、消防通道畅通。作业隔离区形状规则、围栏摆放要成直线。旗绳等软质拉拉紧，四角用专用的立杆固定，不得斜拉在邻近的设备或管道等物上。隔离区应留有活动出口便于人员、物料进出	1	现场检查	现场规划不合理，酌情扣除本项分值10%～30%				
所有检修作业应办理好工作票后方可开工，工作票内容详细、措施完备，符合安规要求	2	现场检查、查阅资料	未办理工作票，扣1分/项；工作票填写、办理不规范，扣0.5分/处				
检修期间，每天召开检修协调会	1	查阅会议纪要	未按规定召开会议，扣1分；会议未总结、布置检修任务或形成未成会议纪要，酌情扣0.1～0.5分				
检修现场应摆放"三图两表"（组织机构及人员信息公示、管理目标、现场定置图、项目进度表、安全风险管控表等）	1	查阅资料	"三图两表"不齐全，扣0.3分/项				

150

续表

检查内容及要求	分值	评分方法	评分标准	得分	扣分	扣分原因	备注
检修现场应做到三无（无油迹、无水、无灰），三齐（拆下零部件放整齐、检修机具放整齐、材料备品放整齐），三不乱（电线不乱拉、管路不乱放、垃圾不乱丢），三不落地（使用工具、量具不落地、拆下来的零件不落地、污油脏物不落地），每天必须做到工完料净场地清、不准在现场遗留检修杂物	2	现场检查	发现不符合要求的，扣 0.2 分/处				
项目公司应发布详细可行的检修用电管理制度	1	查阅资料	未发布制度，扣 1 分；制度编制不详细、不规范，扣 0.2 分/处				
检修电源应有专人负责、专人管理，及时上锁。临时用电源开关实控制对象标识说明确，出现问题时能及时切断电源	1	现场检查	电源箱上没有粘贴负责人及联系电话的，扣 0.2 分/处；电源箱未上锁，扣 0.2 分/处；回路未标识，扣 0.2 分/处				
检修用电需申请、获得批准后方可使用。在运行管辖的 MCC 配电盘、插座电源开关箱等设备上驳接临时检修电源的，应由增设负责人向运行当值提出申请并许可后，方可进行工作。并在该开关上设置"＿临时检修电源"标识牌	1	现场检查、查阅资料	检修用电未履行申请手续，扣 0.5 分/处；临时电源标识不齐、用电申请审批手续不齐扣 0.2 分/处				
所有检修电源采用三级漏电保护，检修电源应为 TN-S 系统；所有的电源连接盘配备电保安器，并张贴绝缘合格证，漏电保护开关合格证和入厂准用证。机组检修所使用的电焊机、电气工器具、卷扬机等应检验合格，贴有检验合格证，取得入厂准用证。电源箱及用电设备的金属外壳必须可靠接地	1	现场检查	不符合三级漏电保护要求或未采用 TN-S 系统，扣 0.5 分；漏电保护开关不开关动作，扣 0.5 分/处；用电设备三证不全，扣 0.1 分/台				

151

续表

检查内容及要求	分值	评分方法	评分标准	得分	扣分	扣分原因	备注
临时电源线一律使用胶皮电缆线，严禁使用花线和塑料线。电缆线一般应架空，不能架空时应放在地面上，做好防止碾压的措施。架空时，室内架空高空应大于 2.5m，室外架空高度应大于 4m，跨越道路架空高度应大于 6m，严禁将导线缠绕在护栏、管道及脚手架上。临时电源线必须从穿线孔穿出，不得妨碍柜门关闭	2	现场检查	临时电源线使用花线或塑料线，扣 1 分 / 处。临时电源线敷设不规范，扣 0.2 分 / 处				
插座电源（380V、220V）应当使用相应的插头，严禁用导线直接插入孔内获取电源或私自直接接在开关端子上。任何人不得将接地装置拆除或对其进行任何工作	1	现场检查	临时电源接线不规范，扣 0.3 分 / 处；接地线未可靠连接，扣 0.5 分 / 处				
每天工作结束时，工作负责人应当及时关闭临时电源箱中的总进线开关，分开各支路开关及拔掉所有插座头；检修电源管理人员检查无误后，锁好箱门	1	现场检查	不符合的，扣 0.2 分 / 处				
在有限空间（含各种地坑、地沟、吸收塔、烟道、箱罐等）作业应使用 12V 安全电压照明灯具，并安设漏电保护器，漏电保护器、行灯变压器、配电箱（电压开关）应放在有限空间的外边。严禁使用自耦变压器代替行灯变压器	1	现场检查	不符合规定，扣 0.5 分 / 处				
凡在离坠落基准面 2m 及以上地点进行的工作，在没有有栏杆或者在没有栏杆的高度超过 1.5m 的脚手架上工作时，必须使用安全带或采取其他可靠的安全措施。安全带须高挂低用	2	现场检查	不符合项，扣 1 分 / 处				

续表

检查内容及要求	分值	评分方法	评分标准	得分	扣分	扣分原因	备注
检修现场搭设的脚手架应履行相应的申请、验收手续，悬挂由搭设部门和使用部门共同签字的验收手牌。高度超过6m的脚手架需要公司级验收。吸满堂架、超高、超重、大跨度的脚手架搭拆应编制专项施工方案，其他大型脚手架也需编制脚手架专项搭拆方案，经审批后实施	2	现场检查、查阅资料	未悬挂脚手架合格证、申请、验收手续不齐，扣0.5分/处。大型脚手架没有搭拆方案扣1分/处，或方案编制手续不齐全，扣0.5分/项				
检修现场人行通道边搭设的脚手架横杆应设置防撞标识。高空脚手架或悬吊架必须设置安全网。脚手架的外侧、斜道和平台应搭设由上而下两道横杆及立柱组成的防护栏杆。上部横杆离架子底部高度为1050~1200mm（20m及以上时护栏高度不低于1200mm）。采用垂直爬梯时梯档应牢固，间距不大于30cm。脚手架整体应采取稳固，在电气线路和设备附件搭设应采取足够的安全距离。在光滑的地面上搭设脚手架，必须铺设胶片等措施防滑。在格栅平台上搭设脚手架应铺设防止塌陷的平板。在较松软的地面搭设时（如泥土地、碎石地面等）应事先夯实，整平。作业层脚手板应铺满，铺稳，不得有松动。空隙利探头板、绑扎牢靠；斜道两边、拐弯处及工作面的外侧面应加设不低于180mm高度的护板	3	现场检查	发现1处不符合规范要求，扣0.2分				
脚手架材料须放在规定的放置点，放置点内铺上橡皮垫；材料分类、整齐放置，区域内保持干净；禁止在平台、屋面上堆放脚手架材料	1	现场检查	违反定置规定，扣0.5分/处；违反本项其他规定，扣0.2分/处				

续表

检查内容及要求	分值	评分方法	评分标准	得分	扣分	扣分原因	备注
在脚手架上高空作业时应采取完善的安全防范措施，安全绳偏戴齐全规范，气割、焊接、打磨等作业应在作业区的下方和周围设置防护网及安全围栏，作业点附近下方设置接火盆（或铺设石棉布等），根据现场条件确定），防止铁屑、焊渣和其他东西洒落到下面及周边区严禁站人或摆放易燃易爆危险品	2	现场检查	不符合项，扣1分/处				
在梯子上工作时，应有人监护并扶好梯子，梯子与地面的倾斜角度为60°左右。工作人员必须登在距梯顶不少于1m的梯蹬上工作。人字梯应有坚固的铰链和限制开度的拉链。在梯子上工作时应使用工具袋；物件应用绳子传递，不准从梯上或梯下互相抛递。软梯必须每半年进行一次荷重试验，合格后方可使用。梯子放在门前使用时，必须采取防止突然开启的措施；人在梯子上工作时，严禁移动梯子	2	现场检查	不符合项，扣0.5分/处				
严禁在除雾器上站人或堆放物料。在除雾器层工作的人员须佩戴防坠器	1	现场检查	不符合项，扣0.3分/处				
起重人员（指挥、司索、司机）必须持有效证件起重指挥并佩戴专门起重指挥袖标	1	现场检查、查阅资料	起重人员无证作业，本项不得分；不戴红袖标，扣0.2分/人				
起重作业前，要建立起重作业区，按检修作业区设置围栏，无法建立起重作业区时，应设专人监护，禁止无关人员及车辆等进入作业现场，起重作业下部的其他作业应停止	2	现场检查	防护措施不严密，扣1分/处				

续表

检查内容及要求	分值	评分方法	评分标准	得分	扣分	扣分原因	备注
使用手拉葫芦作业时，起吊支承点承重应符合合同重要求，管道、栏杆、脚手架、设备底座、支吊架等禁止作为起吊支承点	1	现场检查	不符合项，扣 0.5 分 / 项				
生产现场起重设备使用完毕应及时切断电源，把吊品钩开至安全位置，手操柄归位于专用手操箱内，并对电源箱和手操柄箱进行闭锁	1	现场检查	不符合项，扣 0.2 分 / 项				
有限空间作业应严格遵守"先通风、再检测、后作业"的原则。检测指标包括氧浓度、易燃易爆物质（可燃性气体、爆炸性粉尘）浓度、有毒有害气体浓度，检测结果符合相关国家规定后方可进入作业	1	现场检查、查阅资料	没有开展检测、通风作业，扣 0.5 分 / 项				
在有限空间内作业，人孔门处应设专人连续监护，并设有出入有限空间的人、物登记表，记录人、物数量和出入时间。出入口处挂"有人工作"警示牌。在当天工作结束后应当将有限空间人孔门关闭悬挂"禁止入内"警示牌。如需通风通风人孔门应设置密目网，悬挂"禁止入内"警示牌	2	现场检查、查阅资料	不符合项，扣 0.5 分 / 项				
动火作业必须办理动火工作票，并按票面要求审批手全。焊接、气割特种作业人员必须持有效证件（随身携带）上岗。动火点下方必须落实严密的防火措施，严禁有火星溅落。动火点附近电缆桥架、电气设备、控制柜、皮带等易燃及重要设备上应铺上防火毯、覆盖范围应大于动火范围。禁止在有限空间内同时进行电、气焊作业	2	现场检查、查阅资料	不符合项，扣 0.5 分 / 项				

续表

检查内容及要求	分值	评分方法	评分标准	得分	扣分	扣分原因	备注
在脱硫吸收塔内动火作业前，工作负责人应检查相应区域内的消防设施、除雾器冲洗水系统在备用状态。除雾器冲洗水系统不备用时，严禁在吸收塔内进行动火作业。动火期间，作业区域、吸收塔底部各设置一名专职监护人	1	现场检查	不符合项，扣0.5分/项				
现场放置的乙炔、氧气瓶上方必须有防火、防晒措施，空、重瓶分开，乙炔瓶标识明显，氧气瓶标识明显；氧气、乙炔瓶标识明显，减压阀完好，防回火装置完好，使用中氧气、乙炔两瓶距离不得小于5m，与明火处水平距离不得小于10m。气瓶须直立使用，且固定牢靠，每个气瓶戴不少于2个防震圈。每个工作地点存放的氧气、乙炔数量分别不超过2瓶	2	现场检查	不符合项，扣0.5分/项				
脱硫吸收塔、脱硫烟道、各种箱罐等设备防腐作业必须办理单独的工作票。每个防腐作业点均应配置专职防腐监护人进行全过程监护，直至防腐涂层完全凝固后方可离开，监护人随身携带灭火器。防腐施工点要悬挂"防腐施工，严禁动火！"醒目的警示标识	2	现场检查	发生过火情的本项不得分；防腐作业未单独办理工作票，扣0.5分；安全、技术措施不符合现场设备的实际或防腐监护、管理不符合要求的，扣0.2分/处				
同一设备、同一区域内（10m内），防腐作业和动火作业严禁同时进行。进行脱硫塔除雾器和喷淋系统检修时，严禁动火	1	现场检查	违反规定，本项不得分				
违反其他的安全、检修管理规定的	5	现场检查	违反规定，每项酌情扣分				
检修作业工序、作业标准严格按照标准操作卡工序进行	1	现场检查、查阅资料	未按标准作业卡执行，扣0.1分/项				

续表

检查内容及要求	分值	评分方法	评分标准	得分	扣分	扣分原因	备注
在不设监理的情况下，检修质量管理执行四级验收制度（班组、专业、分公司、电厂），质量验收计划编制要详细，逐级验收。通过质检后才能进入下一道工序。质检结果符合要求后应在作业文件上签字	1	查阅资料	未经验收进行下道工序，扣 0.5 分 / 处；验收签字不全或不规范，扣 0.2 分 / 项				
检修现场拆下的轴承和其他易滚动、易倾倒的零部件，放置时应使用道木或木板垫好，防止滚动。其他所有拆卸的物品应摆放好整齐；检修后的设备必须擦拭干净，见本色，设备上不准留有灰尘、油迹、杂物等。并恢复各种标识、介质流向、转动方向、开关位置等各种标识，不得漏装、错装	1	现场检查	不符合的，扣 0.2 分 / 处				
为确保拆下的零部件不受损坏，应对其采取封口、清洗、涂油、遮盖等保护措施，做到 "上不露天、下不落地"。 所有管道敞口，且不准用破布、棉纱塞堵；重要设备封口需加装封条。 检修拆下的油管管道的管口必须用整块台布或专用堵板封堵好，放置在专用场地上，并做好防止管道内存油漏至地面上。不允许管道内积油漏至地面上。 绝缘材料和部件必须按防潮要求存放，不准随意乱放	2	现场检查	不符合的，扣 0.2 分 / 处				

续表

检查内容及要求	分值	评分方法	评分标准	得分	扣分	扣分原因	备注
作业行为应规范：拆装设备时必须选用合适的工具，不准用其他工具代替；拆卸轴承、联轴器等有紧力的部件时，必须用专用拆装工具或用铜棒敲打，不准用手锤或其他铁件直接敲打。紧固法兰时，必须用力均匀，对称紧固，不准漏紧或过紧。加热轴承时严禁火烤，应使用油浴加热或机侧面磨削物件；禁止在砂轮机侧面磨削物件；禁止用大锤打大锤或锤击，进行磨削工作时必须戴防护眼镜	2	现场检查	作业行为不规范的，扣 0.2 分／处				
清理油箱、轴承、轴瓦、油管路必须用面团、布或调布，各部位必须清理干净，不留死角。不准用棉纱、破布	1	现场检查	不符合的，扣 0.5 分／处				
重要部位的数据必须测量两遍以上，且不能由同一个人多次测量，不能以一次测量的数据为准	1	现场检查、查阅资料	不符合的，扣 0.3 分／处				
接触集成模板、插件前必须戴好静电防护手镯，手镯另一端必须良好接地，不准未经静电释放就接触集成模板、插件	1	现场检查	不符合的，扣 0.2 分／处				
动力电缆拆接时，应确认相关色标，做好相应记号。电缆拆除时应做好防错，三相短接可靠接地，以防接错	1	现场检查	不符合的，扣 0.2 分／处				
新敷设电缆按规定要求涂刷防火涂料，打开的防火通道要按要求封堵好。每天下班前或竣工后应使用防火包及时封堵打开的防火通道	1	现场检查	未涂刷防火涂料或未封堵，扣 0.5 分／处；防火涂料涂刷不规范或封堵不严密、不及时，扣 0.2 分／处				
文件包接收。工作负责人接收文件包时，应核查清单内文件齐全无误后（检查无误的在文件包目录后空白列表格内打"√"），才能签字允许开工	1	查阅资料	未核对文件包完整性，扣 0.2 分／个				

续表

检查内容及要求	分值	评分方法	评分标准	得分	扣分	扣分原因	备注
开工。开工条件具备时，工作负责人办理检修工作票，做好检修准备工作。检修开始前要对有关安全风险分析和预防措施进行确认，并对文件包中的开工前准备工作进行确认，尤其要做好有限空间的开工前危害物测定、动火或防腐作业条件确认工作							
工作实施。检修文件包必须存在工作地点，工作负责人要严格执行文件包有关规定，详细、认真、真实填写文件包要求填写的内容。检修过程中严格按照检修工序、工艺执行，防止检修工序漏项，跨项事件发生，确保工艺正确、到位。每完成一道检修工序都要及时在相应的工作前进行确认打钩，严禁在工序进行前进行集中打钩							
不符合项的管理。机组检修过程中的工程项目、分项、备品配件等不能达到标准验收或合同要求的，均视为不符合项。发现不符合，QC人员可向工作班发出"不符合（不合格）项通知单"，提出整改要求。同时决定停工整改或继续下道检修工序。工作班需按不符合项通知单要求进行返工或返修并自检合格后，要求进行重新检验或验证（不符合项自动上升为H点鉴定），确保返工或返修结果符合要求。备品配件不符合时对续传产品重点检验	6	查阅资料现场检查	不符合的的，扣0.2分/处				
记录。所有记录必须在检修现场按照文件包要求仔细、认真、真实、完整、及时地加以记录。试验项目记录由检修工作工作负责人与试验单位一道完成							

159

续表

检查内容及要求	分值	评分方法	评分标准	得分	扣分	扣分原因	备注
文件包整理。检修工作结束，工作负责人对文件包进行整理，要求做到： （1）手签工作确认整理：对所有要求的签字确认无遗漏。 （2）检修中产生的所有与本项检修相关的附属文件，如"不符合的通知单"等附在文件包内。 （3）如有，文件包修改申请需在文件包内		查阅资料现场检查	不符合的，扣0.2分/处				
执行计划费用小于年初计划费用	3	查阅资料	执行计划费用项目与相关批复文件项目不符（扣3分） （1）执行计划费用超年初下达计划费用10%以内（统计需求计划），扣0.2分。 （2）执行计划费用超年初下达计划费用10%~20%（统计需求计划），扣0.4分。 （3）执行计划费用超年初下达计划费用20%~30%（统计需求计划），扣0.6分。 （4）执行计划费用超年初下达计划费用30%以上（统计需求计划），扣0.8分				
批复特殊项目全部实施	2	查阅资料	特殊项目未实施，扣0.4分/项				
计划内项目全部实施	2	查阅资料	检修后存在未完工项目（以文件资料为准），扣0.5分/项				
等级检修应按照项目计划制定合理的进度计划	1	查阅资料	未制定进度计划，扣0.2分/项；与项目计划对照，进度计划中项目缺项，扣0.05分/项；进度计划明显存在逻辑矛盾，扣0.1分/项				

续表

检查内容及要求	分值	评分方法	评分标准	得分	扣分	扣分原因	备注
三、启动运行阶段	10						
设备检修后完整性确认。主要包括以下内容：设备干净，标识标牌完整，附件齐全，保温良好，螺栓紧固，安全防护设施完好，润滑介质数量满足要求，动力/控制接线与接地线正确，保护装置定值正确，仪表及远传信号正确，联锁试验合格且相关保护已投入，就地急停装置功能合格，管道色标与介质流向齐全，阀门标牌齐全，桥架盖板齐全，软管接头牢固等	2	查阅资料、现场检查	不符合的，扣0.2分/项				
设备试运由检修工作负责人提出"设备试运申请单"，经各专业检查、会签，经理、经值长（或机组长）许可。经确认脱硫内部与主机无关联的设备可由当值脱硫主值许可）许可后，压回工作票，确认安全措施齐备后开始试运。运行人员填写试运试验结果，形成试运记录	2	查阅资料	新装或大修后，低压电动机空转不少于2h，高压电动机空转不少于4h；低压、高压电动机带负荷试运分别不少于4h和8h（机务设备带介质试运，按此标准进行）。试运流程不规范，记录不完整，扣0.2分/处				
脱硫装置检修后必须进行的专项试验有（根据项目公司情况确定）：脱硫允许锅炉点火、脱硫请求主机MFT/RB试验；各类连锁保护试验；DPU控制器切换试验；DCS主备交换机切换试验；DCS电源、保安电源、UPS、增压风机油站电源的切换试验；各类电源备自投/快切试验；挡板门开关试验；增压风机叶片调整试验；CEMS数据传输验证等。项目公司规定的必须进行的其他试验	3	查阅资料	试验项目不全，扣0.5分/项				

续表

检查内容及要求	分值	评分方法	评分标准	得分	扣分	扣分原因	备注
修后全部设备的指标在标准值之内（变频设备在工频下测试）	3	现场检查，查阅资料	测试位置是否做出明显统一标识，无明显统一标识或标识漏项扣 0.1 分。修后实测值高于标准值 20% 之内（检查实测值），扣 0.1 分 / 项（每项按指标实测值计算，如同一位置水平、径向、轴向振动算一项；温度算另一项）；高于标准值 20%~40% 之间，扣 0.2 分 / 项，高于标准值 40% 以上，扣 0.3 分 / 项。低于标准范围内，修后实测值低于标准值 0%~20% 之间（检查实测值），加 0.1 分 / 项，低于标准值 20%~40% 之间，加 0.2 分 / 项；低于标准值 40% 以上，加 0.3 分 / 项（说明：此处的项与上条的计算方法相同项目未进行原因分析或原因分析不清楚（以分析报告为准），每项扣 0.1 分；修后实测值高于标准值未制定切实有效的治理计划或防范措施（以资料为准），扣 0.1 分 / 项				
四、总结及后评价阶段	41						
检修结束后 7 天内上报检修竣工报告	3	查阅资料	未及时上报竣工报告，扣 1 分 / 次				
按特许运维事业部规定的格式编写检修总结，并附检修工日及费用明细、检修零星用工情况、检修合同履行情况表；检修结束后 30 天内完成等级检修总结编审批流程并上报		查阅资料	未及时上报，扣 0.5 分 / 次，上报内容有缺项，扣 0.5 分 / 处				

续表

检查内容及要求	分值	评分方法	评分标准	得分	扣分	扣分原因	备注
检修结束后 45 天内应完成检修文件的汇总工作。至少应包括下列内容：检修计划任务书，整个检修工作及各项主要检修工作的检修计划网络图等"三图两表"；检修"三措"；执行过的检修作业文件包；各种会议纪要、通知单、传真（若有）等任务文件；各种监督报表；技术监督表；各种验收报告；试验报告；试运申请、试运总结、校验记录等，还包括检修过程重要节点、重要工序、检修全貌的声像资料。上报特许运维事业部的全部资料。按档案管理要求整理完成后及时归档	5	查阅资料	资料不完整、归档不及时，扣 0.2 分 / 项				
检修结束 60 天内，应根据检修情况、设备修后性能验证情况、技改和异动调试结果等，完成对检修、技改、运行规程的修编、检修文件包的修订、图纸修编、设备技术台账录入工作	5	查阅资料	不符合的，扣 0.5 分 / 项				
设备异动	1	现场检查、查阅资料	涉及设备异动的是否办理设备异动手续（以资料为准），未办理扣 0.2 分 / 项；设备异动情况是否对运行人员进行书面交底，无书面交底资料扣 0.2 分 / 项；涉及异动内容存在项目缺项，扣 0.1 分 / 项				
特殊项目达到预期效果	1	现场检查、查阅资料	检查特殊项目是否达到预期效果（以年初计划效果进行检查），未达到预期效果，扣 0.2 分 / 项				

续表

检查内容及要求	分值	评分方法	评分标准	得分	扣分	扣分原因	备注
外委工程项目达到预期效果	2	现场检查，查阅资料	外委工程量验收记录完整，验收记录必须2级及以上的确认签字，签字不全或无工程量验收记录，扣0.3分/项；外委工程质量验收记录完整，准确（以资料为准），无质检点验收记录，扣3分/项；质检点验收合格，现场检查时仍存在质量问题，扣0.3分/项。外委工程质量考核：统计外委工程考核工程量问题，加0.1分/项（加分条件：累计考核金额大于奖励金额）				
项目计划中涉及的项目是否使用检修文件包或"三措两案"	4	查阅资料	按项目计划统计，未使用检修文件包或"三措两案"，扣0.2分/条；项目无验收资料，质检点无验收记录，验收记录不全、验收记录存在错误，扣0.1分/项				
修后设备1个月内无缺陷（含泄漏）	10	现场检查，查阅资料	遗留缺陷，扣0.4分/条；修后重复缺陷每条扣0.4分（一个月内2条及以上算）；修后缺陷（遗留缺陷除外一个月内缺陷扣0.2分/条；现场检查发现的缺陷扣0.3分/条；现场重复缺陷扣0.3分/条；针对重复缺陷，遗留缺陷是否进行了原因分析，制定防范措施。现场检查是否与措施一致，不一致扣0.2分/条				
修后设备保护投入率100%	2	现场检查，查阅资料	按"热工联锁保护定值清册"检查，扣0.1分/项				

续表

检查内容及要求	分值	评分方法	评分标准	得分	扣分	扣分原因	备注
修后设备自动投入率100%	2	现场检查、查阅资料	脱硫自动回路操手器"手/自"动投入率（设备服役后历史曲线中自动投入时间占对应设备运行时间的百分数），小于100%，扣0.2分/项，小于90%及以下，扣0.4分/项				
仪表、参数的正确率	2	现场检查、查阅资料	修后设备仪表、参数均在规程控制范围内（不含振动、温度参数，对现场或盘面数据为检查依据），不在工况范围扣0.2分/项				
系统（设备）长周期运行时间加分	2	现场检查、查阅资料	修后系统（设备）100天内无物料待机缺陷或需停机处理缺陷，加1分。可计量系统（设备）的平均出力（含系统、停机时间，如磨制系统出力、脱水系统出力）达设计出力90%及以上加1分，80%（含）～90%加0.5分，小于80%不加分				
异常、故障、缺陷事件	2	现场检查、查阅资料	缺陷消除时间超过24h（按已消除缺陷统计），扣0.1分/项；修后设备发生异常、故障报警事件，扣0.1分/项				

参 考 文 献

［1］ 国家能源集团电力产业设备检修管理办法（试行）.国家能源制度〔2020〕203 号.

［2］ 国家能源投资集团有限责任公司火电设备检修管理办法.国家能源办〔2019〕189 号.

［3］ 中国华电集团公司安全生产部.中国华电集团火电机组检修全过程规范化管理.北京：中国电力出版社，2008.